读创
creadion
阅读创造生活

放胆做自己

BE YOURSELF
BRAVELY

少女喵 著

北京联合出版公司
Beijing United Publishing Co.,Ltd.

图书在版编目（CIP）数据

放胆做自己 / 少女喵著 . — 北京：北京联合出版公司，
2018.4

ISBN 978-7-5596-1581-7

Ⅰ . ①放… Ⅱ . ①少… Ⅲ . ①女性－人生哲学－通俗
读物Ⅳ . ①B821-49

中国版本图书馆CIP数据核字（2018）第013830号

放胆做自己

作 者：少女喵
责任编辑：昝亚会 夏应鹏
产品经理：于海娣
特约编辑：王周林

- -

北京联合出版公司出版
（北京市西城区德外大街83号楼9层 100088）
北京联合天畅发行公司发行
天津旭丰源印刷有限公司印刷 新华书店经销
字数 127千字 787mm×1092mm 1/32 印张 8.5
2018年4月第1版 2018年4月第1次印刷
ISBN 978-7-5596-1581-7
定价：39.80元

- -

给每一个
不想枯萎于人群中的你

PART

1

努力，是为了与梦想不期而遇

人生的终极奋斗目标，
就是实现财务和时间的双重自由。

★　★　★

PART

2

别让梦想变成梦和想

我希望，每天叫醒你的是真的梦想，
它不是你只靠做梦和幻想就能去完成的。
毕竟不是靠梦就能生活无忧，
靠想就能尽善尽美。

★　★　★

PART

3

养成好习惯，到底多重要

想要拥有积极、正确、健康的人生，
首先就要下定决心改掉坏习惯。

＊ ＊ ＊

PART

4

圈子不同，不必强融

一个人想要在社会上立于不败之地，
与其想方设法融入圈子，
不如结合实际提升自我。

＊＊＊

5

按自己的意愿过一生

人生只有一次，
你可以选择你想要的生活，
让每一秒不留遗憾。

★ ★ ★

努力，是为了与梦想不期而遇

人生的终极奋斗目标，
就是实现财务和时间的双重自由。

只想告诉你，我为什么要拼

毕业第二年，我离开生活多年的小镇，只身一人去陌生的城市。

我想，当我们真正脱离父母的庇佑时，才会明白曾经的美好，不过是因为他们在替你负重前行；生活独立有多艰难，尝过才知道。

几乎是同一时间，房租、水电费，包括你的肚子都向你伸出双手，可你只能一人承受。一份工资，对你来说何其重要，你只有靠它才有地方可住，有饭可吃。所以你情愿加班加点，拼了命地干，不过是想养活自己而已。

很多人不愿离开父母，大概是害怕承担这份自我买单的责任吧。

可是，真正的成长，是需要独自去历练的。既然选择了，就要坚定地走下去，只有这样才会收获更多。

因为工作拼命，身边渐渐有朋友对我说："你也太拼了，凌晨一两点睡觉，早上六七点就起来，还要命吗？"也有人说："一个女孩子，不要那么拼，干事业是男人的事。"

好像所有的人都在质疑：女孩子那么拼干吗？值得吗？

只有我一个人，在漆黑的夜里，用低到自己都觉得心碎的声音，说一句"值得"。

现在让我来告诉你，我为什么要拼。

2

我很普通，就像这个世界上千千万万普通家庭的孩子一样。

念初中时，父母因为工厂改制，双双下岗，家里一下子就断了经济来源。那段时间，爸爸天天抽烟，心里急躁；我妈不断催促他找个工作，自己也起早贪黑，支个小摊卖起了早点。

我妈为人老实，总是明码标价，童叟无欺，用的原料也是一等一的好。记得当时，她选用了最好的米，用紫砂锅来熬煮，所以成本就高了，价格也不低。在当时还贫穷的小城里，这么贵的粥，自然不被待见。

久而久之，我妈的摊子因为经营不善，草草收场。

那时，我每个月的生活费只有两百元，面对很多喜欢的东西，我只能望而却步。校园里，大家都穿校服，可鞋子、包包这些东西，互相之间还是存在着攀比。那些闪亮的logo（商标），无时无刻不在刺伤我的双眼。

我买不起这些远超过自己生活费的物品。父母筹集我的学费已经够艰难了，我又怎么好意思再向他们伸手要钱，买那些虽然美好却不那么必要的东西？我自卑，甚至不敢跟别人正眼相对。也是从那一刻起，我决心要努力，不光是为了以后能有购买力，更多的是要改善家境。

在那段近十年的艰难岁月里，我妈没买过一件新衣裳，我爸永远抽着廉价的香烟。他们节衣缩食，为的是把更多、更好的东西——虽然在外人看来微不足道——都给我。

我爸曾说，砸锅卖铁，也要让我把书读好。时至今日，想起这句话，我还是会无比痛心。

穷人家的孩子早当家，是岁月催促我觉醒与成长。所以，我要拼。

3

后来，让你失望了，并没有惊喜，我家条件依然糟糕。

那一年，我上大学。同一时间，我爸的好友给他介绍了一份工作，背井离乡，我爸也去了。我爸曾说，如果没有那份工作，他得为我上大学的学费急白头。

放暑假，我去看望爸爸，那天，我们一起吃饭。

我爸像是莫名有种负罪感地说："孩子，我对不起你。我没能力，知道你喜欢画画，却在你最重要的成长年岁里，无力负担和培养；也给不了你除了吃穿以外的其他物品，甚至连吃，都是那么拮据……"

不知道怎么了，我就落泪了，眼泪流到嘴角，咸涩不堪。我说："爸，都过去了，我怎么能怪你？"

那顿饭，我吃到心痛。

后来，看到小侄女想画画去报班，想学琴去买钢琴，她却嘟哝着嘴说"我不想那么累，我想玩"的时候，我想起了那些年在现实面前折翼的梦想，心里涌入无边的落寞。

但我不会抱怨。家庭和出生我们从来不能选择，父母已经拼尽全力让我们衣食无忧了。等我们长大，完全可以靠自己，去勇敢拼搏，创造更好的人生啊。

"成不了富二代，就成为富一代吧！"我总是给自己打鸡血。

4

家庭条件的改善，让我的大学生活好过了一些。

虽然说人与人之间是平等的，可现实当中还是存在着各式各样的区分。社会给我们每个人贴上了太多标签。

那时候，我们宿舍有六个人，其中一个家境殷实。我跟室友Z处得好。有一次，我俩吃完饭，散步到湖边。Z低着头，看着平静的湖水。长时间的沉默，就像跨越了一个世纪。

终于，Z开口说："你知道吗，我有多羡慕她，就有多恨现在的自己。

"她从来不用用功学习，不用担心手头钱紧，穿的衣服、提的包包都是我叫不出名字的奢侈品牌，每天只要睡睡觉，看看剧，化个妆，开心出去约会就好；而我呢，要毕业了，必须努力投简历，焦头烂额地跑面试……

"她踩着两万一双的皮鞋，我只穿三十块钱的布鞋；她轻言浅笑，我却用借来的西装，故作镇定地对着HR（人力资源部）逞强……"

接着，Z转过头，说了句我心疼了好久的话："我们什么都没有，就只剩自己了。"

那天，我看着向来骄傲的Z低声啜泣，她说："我不是比谁惨啊。我只是相信，我一定可以靠自己拥有想要的未来。我，一定可以的！"

我用力地抱了抱她。

我也一样，我也要拼。

5

我到底为什么要拼呢？

为自己。没有万贯家财不要紧，提升自己，一切向前看。

我们工作，不仅是为了那些付出精力和时间而得到的工资，更是收获在这个过程中的成长，满足自我成就感，得到来自社会的肯定和信任。

既然天生不丽质，那么就天生励志吧！

为父母。养育之恩，必须要回报。

通过努力学习，我们的工作、生活才能有更多选择，这样才能回报父母的养育之恩，让他们幸福健康，安享晚年。

因为，我要对父母负责，成为父母的贴心小棉袄，更是一个发热的小太阳。

为孩子。努力奋斗，给下一代一个更好的未来。

我见过吃一碗牛肉面因为肉少了而跟老板争吵的女孩，她的贫穷让她无力反驳。

这让我想到自己年少时求而不得的不甘。所以，我不希望将来自己的孩子经历所爱之物必割舍、所想之事必抛弃的无奈。我不愿让他走我曾经走过的道路，不愿看到他噙着泪花在汹涌的人潮几近崩溃的脸庞。

所以，我要拼，创造条件，让孩子能够拥有更好的未来。

为社会。做一个新时代的女性，完成一次人生的逆袭。

当今社会，女性不再是弱势群体，社会也不会因你是女生而怜香惜玉。所以，不要得过且过、按部就班地生活，而应该发挥自己的作用，为社会的发展添砖加瓦，让世界看到女性的力量有多强大！

以上就是我想告诉你的，我这么拼的全部理由。

爱拼才会赢，噙着眼泪笑，肯定比悔恨痛哭好得多。一个人一生就一次，总要拼一下，让自己活得不至于那么平庸，你说呢？

我相信，每个努力的人都值得被大声赞扬。

我为什么要劝你留在大城市

大学毕业之后，我开始了所谓的大城市的生活。

离开家乡小镇的那一刻，我内心愉悦，满脸阳光，嘴角微微上扬，天真地笑了。挥一挥手，对这个纷扰、嘈杂的小镇说了再见。

大城市灯红酒绿，流光溢彩，让我着迷；道路宽广，似一道看不到尽头的黑色瀑布，万丈高楼平地起，气势如虹。站在精英会聚、商业味浓厚的城市中心，感受那片繁华，我的心脏怦怦直跳。

这里，自然是那遍布低矮楼房、环境吵嚷的小镇不能比的。

我以为这些繁华伸手就能触到。直到有一天，我深入城市中心，才知道自己不过是个局外人。

后来才明白，大城市看似繁华的背后，更多的是都市人的生存压力。压力之下，人人麻木而漠然。我们如同奔流不息的江河里的浪花，也曾迎风盛放，但最终都会隐没在汹涌的海里，不剩一丝波澜、一抹痕迹。说起来真是有些悲伤。

即便如此，我还是要选择大城市。听我说为什么。

在大城市拥有更多的机会。

这是生活在小城里没有的优势。小城里，熟人社会，阶层固化严重，很难改变，贫穷甚至迭代遗传。很多年轻人都试图依靠读书改变命运，因为走出去才有未来。而大部分的时候，待在大城市，才有这种翻身的可能。

对一部分人来说，想让自己的后代一出生就有可观的资本，就得付出比同龄人多好几倍的辛苦和劳累。大城市相对规范和公平，它承认你的努力，让你的期望不至于落空。

而这样的愿望，在一眼就望得到头的小镇里，怕是怎么也实现不了吧。

哪里挣的钱多，哪里挣的钱少，事实就摆在那里，根本无须考虑，这是老生常谈。很多时候，为了生存，我们不得不选择背井离乡，只是希望能获得更多的机会，慢慢地靠近当初的梦想。

人生的终极奋斗目标，就是实现财务和时间的双重自由。如果有一天能更自由地活着，那大概就离成功不远了。

大城市教育、医疗资源丰富，基础设施完善。

衡量一个城市是否是大都市的标准，不在于它的地域面积有多大，而在于它的发达程度、发展规模，在这片土地上能够拉动GDP的产业有多少。

城市发展得越好，聚集的优质资源就会越多，教育和医疗资源就会相对更丰富，这一点不容置疑。这种情况下，不论是生活、就医、学习和工作，机会都会更多，成就也有可能更大。

大城市道路规划合理，交通井然有序，垃圾分类处理，随地乱扔废弃物、吐痰的现象几乎不存在。人们普遍爱护环境，懂得分寸，齐心协力地维持这个城市每天的正常运转。

人是一种极易受大环境影响的动物，一个人做出正确示范后，很容易影响到周围的人，使他们也开始效仿。

可以说，在大城市，个人被赋予了更多超出个人范畴的价值，你不再只是一个单纯的个体，而是城市文明的执行者之一。

在这种环境里，人会被激发出上进的力量，自觉地整理所处的生存空间。而要想获得更好的生活，就得持续挖掘自身的潜力。

大城市能让你收获更广阔的视野、人脉。

读书的时候，妈妈对我说，之所以让我考省会学校，就是希望我不局限于小地方，而能去更广阔的世界看看。

当时，我并不能十分理解妈妈的说法。

那时，我独自一人离开家乡，到千里之外上学。周遭全然陌生，我就像一棵没有根的野草，无依无靠，为自己的出身感到自卑。但渐渐地，我结识了许多良师益友，他们推荐我看好书和电影，我的眼界开阔了，他们的言行举止、思想层次都让我备受启发，有时只是只言片语的谈话，就让我受益匪浅。

所以，毕业后，我选择去大城市，在那里不仅有更多工作机会，我还能直观体验多彩的生活，看更为丰富的世界，感受那些无可替代的美。

2

如今的大城市，不管是北上广，还是深圳、杭州等，都受现代化进程的影响，早期便累积了相当一部分资本，成了金融、商业中心。

由于明显的优势，大城市吸引了不少外来务工者。他们的到来为城市建设做出了不可磨灭的贡献，同时也不可避免地给城市交通造成了压力。

每天早晚高峰时段，各大公交站都排着长长的队伍，地铁站里更是人满为患，就像我小时候农村唱戏时的戏园子，到处都是人。

前几天，朋友发给我一张北京早间出行高峰时段的照片，我马上回他一个上海早间出行高峰时段的照片。我想，手机那端的他一定会会心一笑。

挤地铁、挤公交是上班族的常态，站在一片黑压压的人群里，你完全不用动，后面的人自会把你推进车厢，然后挤得你动弹不得。

在湿热的密闭空间里，黏腻的手肘相撞，男生的汗液从耳后淌到脖子上，一股黏稠的汗味在空气里弥散开。

我痛恨这样的环境，可也只能忍受。

每当此时，我就会想起家乡的小车站，人们稀稀拉拉、东倒西歪地靠着站台等车。我竟然会无比怀念。

可怀念过去的人不适合留在大城市。我始终相信，忧患才能使人成长，太安逸的环境往往会拖垮一个人的意志。人活着，不能太舒服，太舒服了，就可能生病。

没有真正地经历过挤地铁之类的事，就不会知道生命的韧性有多强；没有看过复杂的人情社会，就不会懂得与不同人的相处之道；没有房租、水电费、油盐酱醋的支出，就不会明白在家乡还有父母兜着是多么幸福。

经历了这些纷纷扰扰，你才能独自面对和解决所遇的困难，体会到独立真正的含义。

哪怕痛一点儿，也是生命里不可多得的磨砺。把自己变成一支队伍，破釜沉舟，浴血奋战。

3

大城市虽好，依旧存在不足。人多是首要问题，有人的地方就容易滋生事端。再者，城市阶层分化严重，贫富差距悬殊。高收入的背后，是深不见底的高消费、高房价的窟窿，所以就有了很多在大城市打拼、回家买房生娃的新一代青年。

这样的曲线救国未尝不可，可付出的代价依然沉重。

兔子先生曾给我看过一段视频，看完后，我百感交集。

燕郊，是北京东边的一座小城，由于邻近北京，随着北京的房价居高不下，很多人开始选择在燕郊买房，在北京上班。就这样，他们过上了双城生活。

视频里，十来位老人正在排队等车。有记者上前采访，一位老人说，他每天五点起床到这里为孩子等公交车，帮孩子抢到了座椅，他们才不会在车上长时间站着受累。

寒风中，老人们簇拥在一起，瑟瑟发抖。我看得眼睛生疼。脑海里挥之不去的是老人那句话："孩子上班辛苦，我们一天到晚在家闲着，早上等车就是想让他们多睡会儿。"

真是可怜天下父母心！

记者采访了随后到来的年轻人，年轻人表示自己多次劝说父母别再替他排队，可他们不听。

当被问及是否还选择继续留在北京时，年轻人说："是的。"眼神里充满坚定。

改变生存困境非常不易，它也许需要好几辈人共同的努力，但若是害怕劳苦而不去改变，那才是真正的愚蠢。

生活就是这样，既然选择了，就要承受它带来的一切。

4

是留在大城市，还是回老家，其实因人而异，但我更建议你留在大城市。年轻的时候，去大城市闯一闯，你的世界会被撕开一个大口子，涌进更多新鲜血液。

如果实在受不了压力，在老家又能有一份安逸舒适的工作，当然还是可以回老家，多陪父母。所谓"父母在，不远游，游必有方"。

但是相应地，你就会失去一些机会和可能。或许，你不再关心大城市房价的高低，聊天的话题也只围绕着家长里短，寻常俗事——谁家儿子结婚了，谁家女儿出嫁了，等等。

而选择留在大城市，就要想清楚自己未来的目标是什么，自己想要的生活又是怎样的。

拥有一技之长是立足于大城市的必要条件之一，如果没有，就请现在开始努力。

工作不只是挣钱糊口那么简单，它关系着你的未来。好的工作一定有未来，你能够透过它，清楚地看见心中的目标和希望。那么，就不要在大城市里随便找一份工作应付着，不要为了生存而活着，要明白，人生必须由自己掌控。

"我常常想念故乡，因为这里始终找不到归属感；但同时，我又想留下来，想在此扎根。"这是很多在大城市打拼的人的心声。

可见，大城市尽管残酷，但也充满了魅力，让人心甘情愿为之付出。

最怕你一生碌碌无为，还安慰自己平凡可贵。

如果你就想在一个熟悉的环境里生活，到了年龄就结婚生子，平凡地过完这一生，我并无异议，毕竟每个人都有选择生活的权利。

只是，如果你不想活得那么中规中矩，不妨去大城市看一看，去那些你所不了解的地方走一走，感受下未知的环境、陌生的人文。

岁月终将会在你身后化成一面明镜，照射你的内心，照出你活着的姿态。

如果年轻时没有过不顾一切的气概，到老了又何来一句"不枉此生"呢？

别让未来的你，讨厌现在的自己

<u>1</u>

我希望，多年以后，当你停下脚步回头看这一路坎坷时，不会悔不当初，唉声叹气，而是嘴角上扬，微微一笑，眼前一片明朗，仿佛置身平原。即使满身伤痕，也不觉疼痛；即使光阴荏苒，也依然感谢曾经那个奋力一搏的自己。

晚上，我跟城城聊天，她是我的前同事。我问她还在不在原来的公司，她似乎有些沮丧地说："是的。"

去年，出于对文字的热爱，我们进了同一家公司。

差不多半年后，我为自己赢得了更好的机会，随即跳槽。因为新平台的优势，我开始大量审稿，在今年三月，终于提笔独立创作。

我并不是说一个人一定要按照计划一步步前进，只是身边我所见到的每一个苟且于生活的人，似乎都明知道当下的处境或多或少阻碍着自身的发展，却依旧不愿改变，不愿轻易辞掉那份早已厌烦透顶的工作。就像城城所说："我没想好以后做什么，不如再等等，想好了再辞。"

生活中，不只是对待工作，我们在面对要处理的事情、要学习的技能时，也经常瞻前顾后，拖沓犹豫。一段时间后，往往就会安于现状，不了了之。

我们总想着，以后再做，有时间再学，却忘了时光匆匆，岁月易逝。明知道"日月逝矣，时不我待"，却从来不说，现在就去想，现在就去做。

也许某天，你读到一句话，沉睡的内心被唤醒，在那一瞬间，你想改变，之后却还是迟迟不行动。不去改变，这些强心针，只是虚张声势，毫无作用；不去行动，感悟得再多，也不过是麻痹了自我。想法来得很容易，口号喊得很大声，真正做到的又有几个？

一个人最大的敌人不是别人，而是那个固执、懒惰、不愿改变的自己。

2

我认识丹尼尔，很偶然，是在一场校外的分享会上。

当时，他神采奕奕地向我们展示他的建筑作品，头头是道地谈论节能环保、新型材料。那些打破常规的作品让我印象深刻。

他说自己的创作灵感源于一年前的海外游学经历。毕业之后，他并未跟随大多数年轻人，急切地投身于找工作大潮，而是选择用一年时间游历他国，寻找自己的梦想。

那段时间，他辗转于美国、加拿大、摩洛哥。三个迥然相异的国家，激发了他不断探索的欲望。

当时，他向在座的我们抛出一个问题——从哪一刻起，你想要改变自己的人生？

顿时，场内一片沸腾。他微笑着拍拍手，接着说："我的那一刻，是从推翻过去的一切开始的。回国后，我把学生时代的作品都毁了，因为那些成就留在了过去，带不进我的未来。如果没有把过去一切都舍弃的决心，我就会被牵绊，从而失去想要改变的勇气。"

他说完，现场鸦雀无声。

很多时候，我们总在回望曾经的那些荣耀，却忘记它们早已逝去，而人作为个体，应该是在时间的洪流里不断前进和成长的。

观念在变，眼界在变，格局和时代都在变。

斯蒂芬·柯维曾说："改变现状，从改变我们对问题的看法开始。"是的，一个人只有舍弃过去，以"空杯"的心态迎接未来，才能采摘那些未知，重新将自己填满。

3

我曾经因为害怕失败，迟迟不肯行动。直到有一天，我的一位朋友语气平缓、看似漫不经心地说："既然你喜欢写作，又有这方面的能力，为何不去写？"

我打哈哈一样敷衍他。但是在后来很长一段时间里，这句话都像一句魔咒，久久地盘踞在我的脑海里。

我开始反复问自己，是啊，我为什么不去写呢？

人总是害怕改变。没有人知道改变能带给自己什么，却清楚地知道可能会失去什么。大概这就是我们不肯轻易改变的原因吧。而其实，塞翁失马，焉知非福呢？

自写作以来，我学会了深层思考，认识了很多志同道合的朋友，看到了更为广阔的世界。很多人通过文字找到我，而最终，文字也成为我打开新世界大门的钥匙。

尽管写作让我少了很多玩乐时间，让我为记下突如其来的灵感而忙得手足无措，为此忘记其他事情，我却依然痴心不改，深爱着写作。

在我看来，一个心智成熟的人，应主动出击，找寻机遇，而不是畏首畏尾，拒绝行动，徒留下遗憾。

一件事情，做与不做，结果天壤之别。很多时候，成败取决于你自己。

4

想起几年前，我抱着一堆稿子给一个编辑看，她皱着眉头咂咂嘴："你文笔不错，可人家十四五岁就开始写作了，你起步太晚，路会很难走。"

可是起步晚，我就该干脆不写直接放弃吗？难道要一天拖过一天，到最后才后悔莫及，埋怨自己当初没有坚持吗？我不信困难，只信自己。

去见你想见的人，趁还知道他的地址；去做你想做的事，趁还有时间。别说为时已晚，要做的事，永远不晚。

波拉尼奥40岁开始写作，出版了经典小说《2666》；摩西奶奶76岁开始绘画，后来举办画展，轰动全球。她曾说："做你喜欢的事，哪怕已经80岁。"杨绛先生，晚年创作散文集《我们仨》，直到104岁还笔耕不辍。即使在人生最后一程，她依然因写作而美丽。

其实"想不想""做不做""见不见"，都抵不过你内心深处的"愿不愿意"。所有的选择，都是由自己掌控的。

文档写错了，可以按"ctrl+z"恢复，可时间错过了，恐怕再也无法挽回。没有太晚的开始，不如今天就行动。总有一天，未来会在你的心里，也在你的脚下，一点一点慢慢清晰。

别让未来的你，讨厌现在的自己，要让他从心底感谢现在这个不顾一切、拼尽全力的你。

　　生活不会亏欠任何一个脚踏实地的人。多年后，当我们回首来时的路，会因饱经历练而愈发坚韧，也会因一路奋斗而无怨无悔。只有这样，当你面对余生，直至生命的终点，才能不留遗憾。

　　改变自己，趁现在还年轻，还有力气，去努力吧。

真正重要的从来不只是努力

1

五月，我见到了一位仰慕已久的老师。

老师同我约在咖啡厅见面。那天，广州倏然下起了小雨。我坐上公交车，窗外是一字排开的骑楼，葳蕤的榕树越过头顶晃进眼帘，又随着车身一闪而过。我闭上眼，五月的潮热空气扑面而来，耳边响起了尘世喧嚣，鼻尖萦绕着阵阵花香。

我走进咖啡厅，坐定，老师朝我微微一笑。那片刻的恍惚，让我差点儿忘了这是场约定已久的面试。

灯下，我们相对而坐。橙黄的灯光照在他身上，使他的脸一边明亮，一边隐匿于黑暗之中。他的眼神如夜空中的星辰，在谈话间忽明忽暗，静静闪烁。

这是一双会说话的眼睛。我定定望住，认真倾听。

当初的谈话内容现在我已忘掉了大半，唯独记住了这段话——

"一个人一辈子能把一件事情做好，就堪称完美。怎么才能做好呢？先要找到你内心想要的路，而后才是在这条路上遵循方法，义无反顾，做到精深。真正重要的从来不只是努力。"

老师语毕，窗外骤然下起瓢泼大雨，行走的路人迫不及待地推开店门，摇出了一串清脆的风铃声。

和老师别过之后，我忆起曾经与一位"85后"作家的交谈。她说她断断续续写作很久了。彼时我尚且稚嫩，问她："如何在浮躁的岁月里十年如一日地坚持写下去呢？"她只是告诉我："一事精致，便已动人；从一而终，就是深邃。"

那一刻，我怔住了。

原来，重要的不是多而杂，而是专一。

2

六年前，我在广州红砖厂认识了安妮。她是个有着棕褐色齐耳短发的女生，喜欢穿随性而明丽的 T 恤衫，眉眼之下的几颗小雀斑像一个个跳跃的精灵。

我是被她的专注吸引住的。那时，她一心一意地拿着画笔作画，仿佛神游画中，一切外物皆不与她相干。一股强烈的好奇心促使我走到她的身旁，但我没有出声，竟是有点儿怕打扰到这样静默专注的她。

"放轻松。"她终于还是发现了我。她腾出板凳的一角让我坐下，我看到了她的杰作。在保证漏光叶片的完整的基础上，她正格外小心地把它们绘成奇特卡片。她用不流利的中文告诉我："落红不是无情物。"

我感慨于这精致的脆弱，它仿佛是生命的另一种延续。

两年来，她把作品放在社交网络上，引来无数志同道合的朋友。目前，她的工作室也正在筹备之中。

上个月，我踱步到美术馆看一场藏族经书展。当我正以一份崇敬的心注视展出的经书时，美术馆中厅开始播放视频。我看见他们用最古老的方式，重复影印，一旁的批注赫然写着："我从未觉得这是件无意义的事，因为它已融入我的生命，成为毕生信仰，我将从一而终。"

那是信奉者的自白。并不是所有人都能把理想置于生活的废墟之上，可就是有人不愿游戏人间，而是穷其一生，专于一事，并把这份信仰传承下去。

看一场展，是为了实现事物与你内心的对话，思考、感悟，最终才能收获心灵的契合。

3

今年，在学习时间管理的过程中，我认识了柳比歇夫。

这位著名的昆虫学家，用了一生的时间研究蠕虫的构造，以至于使人惊叹：蠕虫那么长，可是人生那么短。此外，他醉心独创，并几十年如一日地坚持对个人时间进行定量管理和统计分析，也给后世留下了无法估量的精神财富。

时光如白驹过隙，稍纵即逝。术业有专攻，一生做好一件事真的很重要。

这让我回忆起几天前在书里看到的一个故事：

克里斯蒂是一位荷兰陶土设计师，偶然间，她发现了人们平日里完全忽略的泥土的本色，此后，她开始独立创作优质陶器，并建立了一整套颜色与记录系统，包括500余种泥土的色系编号。

我翻开书的扉页，无数颜色各异的泥土标本整齐地映入眼帘。

那时我才真正明白"一事精致，便已动人"这句话的含义。

4

你为什么成不了气候？

我的一位读者给我来信，说她努力了很久，又学琴又学舞，却没有进步。我想，读完这篇文章，她的心中应该会有答案了吧。

真正重要的从来不只是努力做什么，还得沉下心来，专一地做好一件事。

要知道，一个人一生的时间和精力都非常有限。我们总在感慨他人取得的成就、头衔、名誉，一心想要追逐，幻想着有朝一日也如他人那般耀眼夺目。而其实，鱼与熊掌，不可兼得。你想要的越多，失去的也越多。一辈子做好一件事，就堪称完美。

沉下来，浮起的瓢舀不到水；静下来，人生的脚步才更张弛有力。去做你想做的，不要迎合、讨好这个世界；去试你想试的，不要畏畏缩缩、徘徊不前。

龙应台曾写："人生，有些事，要一个人做；有些关，要一个人闯；有些路，只能一个人走。"那么，就在你认为值得且有意义的道路上，怀着沉湎的心，勇敢前进。别觉得孤单，这世上总有千万人与你一同奔跑。只是，事要自己做，关要自己闯，路也要你自己走。

我始终相信，一个人只要不停地走，总有一天能到达他内心的彼岸。

但行好事，莫问前程；从一而终，就是深邃。这之后，时间才会给你想要的答案。

好好生活，就不算辜负此生

<u>1</u>

几年前，我从未想过有一天，我的生活会与写作挂上关系。可有那么一句话怎么说来着，既然你已经敲开了某扇大门，就请好好地勇敢地走下去。

前不久，一位与我相识二十多年的朋友从上海出差到杭州，顺路来看我。恰巧我与一个同在杭州的作者也约好见面，见面之后，我才知道这位作者正在浙大读研。

于是，我们仨结伴逛浙大校园。

走在干净清爽的校园里，我看见的不是懒散拖沓、嘻嘻哈哈的顽童，而是从容淡定、自律性非常强的学生。他们目不斜视，也不大声说笑，而是专心行走，或者与朋友低声交谈。即使不注视他们的双眼，我也能从背影里看到一份克制，那是非常清楚自己内心所想的人才有的坚定。

教学楼的长廊里，每个人都捧着一本书，心无旁骛地阅读着。我从他们旁边经过，仿佛听到了指尖摩挲纸张的声响，我不禁心生感慨：这世上，真是没有一处比学校更适合读书了。我的内心陡然生出一种相见恨晚的感觉，这个时候才明白要好好生活，就要多走走多看看。

浙大的校园环境清幽。从绿茵茵的草坪望过去，只见几只白天鹅自在地在一片碧波中游来游去。眼前柳影婆娑，柔条拂风，我蹲在河边，看着一层层的水波发呆。水绿到心里，人陷入景中。

不远处，两位白发苍苍的老人落进我的视野。

前边的老人戴着遮阳帽，举着相机，对身边的老伴说："好好，这样好，保持。"老太太默契地一动不动地立在一旁，眼角眉梢都是笑。显然，这是一对老年夫妇。我不知道他们过去经历了什么，仅仅是眼前这般兴致，也是不可多得的。我在想，当我老了，是否也依然能坦率地亲近自然、热爱生活呢？

午后，太阳躲进了云里。我们仨就在水边的长椅上，眯着眼，打了会儿盹。我好像很久都没有这样安心地小憩过了。

2

自工作以来，我整天窝在钢筋水泥铸就的写字楼里，对着电脑从早忙到晚。大大的落地窗外是白花花的阳光和来来往往的行人。

由于工作的缘故，我不得不盯着电脑屏幕，时间一长不免眼睛疼。下班后，一个人望着辉煌的灯火、璀璨的星光，一天就这样过去了。

曾经很喜欢一句话：一房，二人，三餐，四季。这就是我想要的最好的生活状态。夜晚，我搭上计程车，打开窗户，把头偏向窗边，听着车里微弱的广播，心中思绪万千。在这座城市里，我没有根，却不会放弃扎根，即使被许多人嘲笑，我也不会退缩，不会让这一生在庸碌中度过。

也许，我们努力奋斗的意义，就是要在城市里扎根。有一次，我跟一个朋友说："很久以后，我们老了，是不是一定要回到故乡的？"她说："其实，你年轻奋斗的时候，也有了第二个故乡。"

一个人要怎样才算不辜负这一生呢？以前，我是个文艺女青年，喜欢四处漂泊，弹琴唱歌，流连美景，以为那是诗与远方。而后来，我越来越想要安定，想要留在一个地方，做一件自己喜欢的事情，钟情于自己的世界。

记得亦舒在她的小说里说过："如果没有很多钱，就给我很多爱，如果爱也不够，有健康也是好的。"而我什么都看淡了，我不要很多人，不要很多钱，也不要很多爱。

后来，在一个个清新的黎明中，一个个昏暗的黑夜里，我慢慢明白，认真生活，大概就不算辜负此生了。

3

曾有一位读者问我为什么写文章，我想了很久，却不知道该怎么回答他。

我从来不会用单纯的善或恶去定义这世界，只是行走世间，看着那些普通得快要被淹没的人，我渴望通过文字让他们更加鲜活。

闯入我生命的每一张平凡的脸，都值得被记录——

她奔跑到爱人身边，放下包袱，拥抱；他握着电话，提着包，走出地铁，拾阶而上，边走边谈工作；她和她挽着手，在同一把伞下，说着最近的电视剧；他同他坐在树荫里，抬起黯然的双眼，吐着烟圈，看着我路过……

我为什么要写文章？因为啊，我同样需要文字来给我力量，需要一遍遍地提醒自己，好好地、好好地，用心生活。

我相信一句话：我以我手写我心。曾经有一段时间，我写得很急躁，甚至被圈里的一个作者评价为"为赋新词强说愁"，说我是刻意抒情，不如不写。有一位老师也曾告诫我："如果创作不能来源于真实的生活，是无论如何也不能打动别人的。"

世事洞明皆学问，人情练达即文章。

我曾说过，文章如果没有了生活气息，就没有真实，也没有感情，文字就形同虚设，是架空的城市花园，既不真诚，也没有生命。那些强硬地填进一个套子里的种子，就算浇灌雨露，也只能生出个"人工合成"。一次两次尚可，之后呢，便是味同嚼蜡般无趣。

大学的时候，有个哥们儿请教我要怎么唱歌，我说没什么技巧，用真心唱，就能唱出歌里想要传达的那份感情。就像文字，我写作是为了给予读者信心和力量，所以我愿意真挚地写。

4

我见过很多人认真的模样，沉浸在某种事物里的样子多么迷人呀！很多时候，你重复眼下的事情，不能在短时间里得到收获，并不代表你会一直孤寂下去，投入真心，慢慢等待，总会有花开的那天。

游苏州河的时候，我看到一位老伯在岸边架着三脚架摄影。夜色朦胧，河水流淌，岸边评弹声阵阵，他旁若无人地转换角度，调整光圈，以至于我在身边好久，他都不曾察觉。

我们就像这个宇宙中一颗颗孤单的星球，彼此独立，又相互联系。

我想起日剧《请和废柴的我谈恋爱》里老伯最后写下的一句话："只有独自生活至今，才能携手走向未来。"是啊，若没有勇气独自好好生活，又怎么能遇见那个最好的自己，怎么能去拥抱那个合适的爱人呢？

孤独真的可耻吗？比孤独更可耻的是内心浮躁和虚情假意吧！

为了迎合大众的情绪写一些误导的文章，用情色吸引眼球，用谣言博取关注，这样的文字有营养吗，是我们真正需要的吗？我不要写这样的文字，我不做违背内心的事。

公众号越做越大，我常常收到一些打广告的信息，可我一看，那些广告商生产的都是一些三无低劣产品，给钱又怎样，我不能昧着良心去赚不义之财。还有求推广的，我的原则一直是，你写得好，我可以跟你一起互推，互相促进，这样才对得起我们各自的读者，而并不是钱的问题，钱不能解决所有的事。

我要做的是对自己的读者负责，也对自己的生活负责。

文字需要沉淀和积累，需要生活和阅历，所以，一天两天成就的文字，我不说它没有含金量，但至少不是我想要的。

看了电影《北京遇上西雅图2：不二情书》，我突然就明白了一句话：有些事情，要慢慢做；有些人，要慢慢等。就像连接男女主角的那本小说《查令十字街84号》，书里的主角也是互相通信很多年才见面的，即便相隔万里，他们也莫逆于心。放到今天，那点儿情意怕是早都消磨光了吧！

数字化的今天，又有多少人会选择用书信和邮局去传递心意呢？有多少人愿意停下脚步，抬头看一看夏日晴空呢？有多少人愿意相信"从前的日色变得慢，车、马、邮件都慢，一生只够爱一个人"呢？

曾经在叶兆言的《旧影秦淮》里读到，20世纪的南京有个行当叫"写信员"，给那些不擅表达或不识字的人代写信，你念我写，封上信封，盖好邮戳，遥寄长长的思念。后来，社会大改造，经济发展了，电话的出现让书信不再吃香。写信员也越来越少，直至消失。叶先生拍了一张写信员最后一次出现在邮筒旁的照片，阳光透过树梢，落寞洒了一地。

有时候，文字就像照片一样，总在记录着那些逝去的时间和记忆。

回望过去，发现还有文字传承着历史，人们的内心该多么欣慰啊！

<u>5</u>

不为写作而写作，不为名利而写作，当你真心地用文字感受生活，感受身边熟悉的、陌生的一切，感受那些同你一样在拔节生长、生生不息的生命的时候，你怎么会没有震撼心灵的感觉呢？

我们都一样，都在这个世界里，渺小而奋力地成长着，水滴石穿，金石可镂。

你说你很喜欢写作，却穷思极想，搜肠刮肚，无字可写，只能去羡慕那些洋洋洒洒就是几千字的作者，他们看似随意的倾泻，却是那样的字字锥心。你说你也要写，却迟迟不动笔，你说的爱，只是叶公好龙式的爱吧。

说到底还是你没有用心对待，用心去感悟万物而已。如果连自己的生活都不去热爱，又怎能写出有情有义的文字呢？

力透纸背，怎是一日之功？比起写作，更重要的是，好好生活。好好生活，才能够用心沉淀。

读书须用意，一字值千金。动笔之前，请先学会做一个真实的自己。

只有活在真实的世界，才能用心感受那些喜怒哀乐，酸甜苦辣，也只有透过沉淀的岁月，才能淬炼出一份直击人心的文字。

别在年轻的时候活成"死掉"的大人

1

一天，背对着马路，我坐在路边小摊上吃炒面。太阳刚刚升起，盛夏时节，周遭一片嘈杂。络绎不绝的人潮，伴随着喧嚣，脚步声、风声，从耳边呼啸而过，阳光细碎落下，热灼的空气里，光影同尘埃浮动。

煎炸烹煮，市井油盐，这便是我稀松平常的又一天。

渺小的尘埃好像只在光束里才容易被人察觉。有时候，我们也如同那些尘埃，躁动而拥挤着，却不知生命的终点将落于何处。

背对着身后的人间烟火，我吃完了那碗炒面。

毕业两年了。

两年了，面对"毕业一两年，你混得怎么样啦"这样的话题，我仍不敢回答；两年了，我按部就班地工作，晚上还要拖着疲惫的身体，看书、写作、画画；两年了，我仍未能触碰到内心所求，梦想的彼岸依然遥远。

十五六岁的时候，我在琳琅满目的书店里，发现一本淡蓝色封面的《小王子》，我站着捧读了几页，内心温暖得快要被融化。

《小王子》的作者安东尼·德·圣埃克苏佩里在他年幼时画过一条吃掉大象的蛇，他拿给大人看，大人都说这是一顶帽子。小安东尼拼命解释："不，不，我画的是一条蛇。"

所有的大人都不相信，他们表情凝重地说："哪有蛇是这样的，蛇很瘦，这就是帽子。"

为此，小安东尼闷闷不乐。他心想，为什么大人们都那么自以为是，不肯相信他呢？

长大后，我逐渐明白了这些隐喻，大人不是不肯相信，而是早就失去了那种对世界保持好奇心和幻想的能力。他们循规蹈矩，遵守各种约定俗成的习惯，在什么年纪做什么事，见什么人说什么话，机械得像一台机器。他们把生活过成流水线，麻木地重复着每一天。

每个长大的人心里，都有一个死掉的"小王子"。

2

前不久，我和几个同事聚餐。吃完饭，我们找了一个地方坐下来喝奶茶。

我这些同事中，有刚大学毕业不久的小张，有工作经验丰富的老王，有和我年纪差不多的李燕。大家坐到一起，东拉西扯，"吐槽"老板，抱怨工作，谈论自己的过去，越聊越起劲。

小张抱怨公司老是加班，而他又住得远，每天下班到家都很晚了。老王语重心长地对小张说："你小子知足吧，刚刚毕业就找到了工作，听说你上个月还给家里寄了钱，比我当初强多了。我那会儿刚参加工作，一个月一千七，住在城中村，房租水电都要花钱。有一段时间，我一天只吃两顿饭，我都不知道自己怎么过来的……"

小张感慨道："出来混，每个人都不容易啊！"

我想起我刚毕业那会儿，每天都在投简历、跑面试。一个月里，我天天晃荡在公交里，穿梭于人群间，手里攥着改了一遍又一遍的简历，被心仪的公司拒绝后，又不得不故作坚强，奔赴下一场面试。我甚至记不清自己对着那些HR说了多少遍"你好，我是××，这是我的简历"。

我一次次被拒之门外，也曾放声哭泣，觉得自己无能又无助。那种迎面扑来的绝望和压力，差点儿把我逼到绝境。

可再苦再难，我还是挺了过来。

对于那段艰难的日子，我不会轻易向任何人讲述，所有困难都过去了。而且，我明白，正是由于经历了种种痛楚和不堪，我才会变得无比坚强，像一个钢铁战士。

其实，大家都一样，成年人的生活里哪有"容易"二字，每个优秀的人都或多或少经历过一些艰难困苦的。

成长，真是件无比痛苦的事。

3

几天前，一个大学刚毕业的孩子给我发私信，问我传媒行业怎么样，他想入行。我百感交集，欲言又止。

　　我要怎样用简短的话说清那些你尚且不明白的道理呢？要怎样把我在这个行业里摸爬滚打、倾尽全力却依然不够好，依然没有实现心中的理想的残酷现实告诉你呢？我怎么能把这些冷酷、痛苦、血肉模糊的现实摆在那么单纯善良的男孩子面前呢？

　　我做不到啊，我怎么忍心这样做，怎么忍心让你一开始就去碰触那些看不见的黑暗？！

　　我曾经给刚来的实习生泼过冷水，我冷漠地对她说："你不能这样。"但是看着她一脸惊慌，我又不忍心再说下去。因为她像极了从前的我，像极了从前那个单纯的骨子里冒着傻气的我。

　　我曾坚持要把内心的善良保持下去，却不得不在一次次心碎之后，匆匆收拾起那份幼稚的天真。于是，我去做不喜欢的事情，去做从前嗤之以鼻的事情，我全力以赴，只是为了生存。

　　为了生存，我束手束脚。我不能随意挥霍，万一月底没钱了，谁养我？万一生病了，谁照顾我？万一倒下了，养我长大的父母怎么办？

　　成人的世界充满了无奈。随心所欲的少年时光，再也不复存在了。

4

我不能跟你保证，岁月会给你想要的生活。我只能撕掉生活的面具，把它的本真呈现出来，尽管鲜血淋漓，尽管伤痕累累，我一点儿也不想掩饰。

成长，从来不是件轻松的事，它是痛苦又隐匿的。它始于磨难，终于奋发，是挣扎逃离又死拼到底，是咬紧牙关且决不放弃，是快乐也是心酸，是泪水也是欢笑。喜怒哀乐，生离死别，全都淬炼在这人生的熔炉里。

村上春树说："你要学会去做一个不动声色的大人了。不准情绪化，不准偷偷想念，不准回头看。"现在，如他所说，所有的大人都沉默得像一个个孤独的木偶，而所有的孩童嬉笑打闹，灵活得像条小鱼。

在烈日下，我终于不动声色地流下了眼泪。我知道我失去了什么，从小鱼变成了木偶，失去了童话，失去了想象，失去了相信，失去了天真烂漫的笑容。

我终于还是把自己杀死了，活成了一个"死掉"的大人。

亲爱的小孩，你可别重蹈覆辙。

优秀的伴侣会带你抵达生活的彼岸

1

前段时间回家，我得知高中好友已嫁为人妇，今年初生下一个女婴，正式当妈妈了。我欣喜祝贺，好友也微笑道谢，但不久后的一次闲聊，她向我吐露了真相。

那是一个风清云白的晴日，阳光穿过玻璃窗照在她瘦弱的面容上，她吹开浮动的茶叶，抿一口茶汤，静静地说："旁人看到现在的我，年纪轻轻，有家有爱，都好生羡慕。可女人的婚姻啊，永远只有自己心里知道。"

她谈及鸡飞狗跳的婚后生活。丈夫完全不管事，从前狂热追求，山盟海誓，现在一回家就"葛优躺"，当甩手掌柜。在他看来，一切家务——呵护孩子、照顾公婆、收拾房间、做饭、洗衣，都成了女人的分内事。她工作、家庭两头转，每天过得无比劳累。

而另一方面，婆婆经常劝她辞掉工作，说孩子这么小，需要母亲多陪伴，两个老人虽然能搭把手，可也需要亲妈照顾啊。

她被这双重的压力折磨得不知如何是好，反而由衷羡慕起我的自由。她还说当初被爱情冲昏头脑，踏入婚姻，却从不明白婚姻和家庭对一个女人来说，到底意味着什么。

她说自己的婚姻终究是失败了。

我不置可否，看着昔日如公主般耀眼的她，如今囿于一方天地，从未获得过丈夫的帮助、公婆的体谅，只觉得有些惋惜。

如果婚后不能过得比婚前富足快乐，反而变得束手束脚，还为此扰乱了既定的人生轨迹，这样的婚姻意义何在？

诚然，婚姻需要牺牲一部分小我去成就大我，可这绝不该是女人单方面的完全牺牲。不是舍弃自我，只剩孩子和丈夫，不是舍弃前途，成为免费保姆，更不是舍弃独立的能力，活成一根只能依附他物的藤蔓。

婚姻应该是和伴侣相互扶持，分配任务，风雨同舟，共渡难关。真正明事理、懂人情的伴侣才能让彼此看到希望，才能让生活达到想要的高度。

可以说，选择一个人，就是选择了一种生活方式。

2

看过太多"婚姻是爱情的坟墓"之类的言论，然而实际上，迷陷于婚姻的两个人，无论男女，往往无法发现自身存在的问题，只能望着烦琐世事，恼羞成怒，把这坏掉的一切怪罪于婚姻，仿佛没有婚姻一切才会变好。

同样是鸡毛蒜皮的日子，不一样的人过起来结果也会不一样。

工作初期，我认识了一位姐姐。她永远笑容可掬，待人如春风拂面，一颦一笑都透着淡淡优雅，从容淡定地完成工作任务。我本以为她是职场"白骨精"，事业顺风顺水，感情生活应该不尽如人意。却不曾想，那时的她早已找到归宿，生儿育女，工作之余，悉心呵护孩子和家庭。

一次午餐后闲聊，她告诉我她经营婚姻的奥秘。她说没遇见丈夫之前，她根本不知道自己能做这么多事。她之前做图书整理员，觉得接下来的人生无非就是到了一定的年纪找个人嫁了，凑合过日子。直到遇见他，他鼓励她，说她善良勇敢，比常人更有执行力，还有一颗积极进取的心，他相信她的人生绝不会就此止步。

她被他那一番话震住，从此她的世界变了。他帮她分析，鼓励她去做喜欢的事。她用闲暇时间提升自己，过程很辛苦，好在所有的努力都换得回报，她在不断学习中找到了更好的自己。我听得目瞪口呆，又很感动。

她说起婚后生活。矛盾是不可避免的，再好的恋人都会吵架，但他们不会逃避问题，而是积极主动，各自反思，也会不断探索对方的想法，不断相互体谅，坚决不用暴力和冷暴力消耗感情。他们规定各自在家里的任务，一方有情况一定会提前告知。她还说女人一定要有工作，工作是自信的基底。

最后，她笑着对我说："姑娘，好好努力。你要走的路还很长，永远不要懈怠。"然后踩着高跟鞋骄傲而铿锵地走了。

也许有些人就是这样，整个人充满了力量，哪怕他早已失散在人海，那些传递给你的对于生活的顿悟却犹如记忆里耀眼的宝石，永远光彩照人，给你的生活留下浓墨重彩的一笔。

<u>3</u>

电影《泰坦尼克号》中，杰克有一段让众人皆哑口无言的对白。在贵族的聚餐上，他说："您瞧，我的全部家当都随身携带，健康的肺部来呼吸新鲜空气，还有一些能作画的纸。我喜欢清早醒来时一切都是未知的，不知道今天要发生什么或者遇见谁，又或者接下来去哪儿漂泊。我觉得生命就是份珍贵的礼物，我不打算浪费它。"

你永远不会知道下一张牌是什么。世事难料，要让每一天，都过得有价值。

对于住在头等舱的贵族来说，杰克的身份是卑微的，可他从不自卑，他内心豁亮。那番话如一把利剑直刺入奢侈浮华、空有其表的享乐主义者的内心深处，让他们失言、难堪，甚至自惭形秽；也让女主角看到希望，看到她渴望的自由，看到不被束缚的快乐。他对生活的热情让她抛下那可笑的阶级、虚伪的层次，愿意与他一起感受美，感受爱。

他让她觉醒，让她敢于释放出真实的洒脱的自我，让那些贵族礼仪、束缚都见鬼去吧！

你的伴侣就是你生活层次的体现。

高层次的生活一定离不开两人的共同努力，互相鼓励，不断探索，携手同行。它不是一方有难，另一方撒手，也不是两人终日吵嚷，彼此折磨，互相怪罪。

找到一个高情商、懂生活的伴侣，对女人来说尤为重要。

仔细观察你会发现，那些把婚姻经营得顺风顺水的女人，背后都有个强大的男人，他们懂得和妻子互相进步。他们亦师，亦友，亦情，亦亲，从不局限在夫妻的身份里。他们能够在看似枯燥的生活里培育出新的土壤，让原本沉寂的一切渐渐苏醒，开出花来。

人生若寻得如此良人，交付此生，定是幸福满满，生活畅然成歌。

4

优秀的伴侣还会带你到达你从未去过的彼岸。

对女人来说，婚姻和恋爱截然不同。女人选择丈夫的标准，应该不仅限于他的脸好不好看、钱有多少，更重要的是与他心灵层面的契合度，是透过表象和皮囊，折射出的他内心的一切，是涵养修为、人品道义、脾气秉性、待人处事、思想境界、理想追求等一切内在因素。

外表只能决定两个人有没有开始的可能，内在吸引才是两人持久相处的秘诀。

只有内心充满能量，敢于体验生活的人，才能在平淡琐碎、锅碗瓢盆里迸发出激情，才能把生活的褶子抚顺，把所有的酸甜苦辣融成一锅美味佳肴。

积极健康、阳光向上的伴侣，能让你拥有更高层次的生活。

《生活大爆炸》里的谢尔顿说："一个人穷尽一生追寻与另一个人共度一生这件事，我一直无法理解，或许是我自己太有意思，无须他人陪伴，所以我祝你们在对方身上得到的快乐与我给自己的一样多。"

如果你不曾带我到更好的地方，我为何要选择与你生活？如果你不曾带给我更多希望和快乐，那我宁愿一个人好好过。

永远不要将就，永远不要着急。

真正幸福的婚姻里，你的伴侣早已不只是和你在一起的那个人，他是一段岁月，一段经历，一段人生，一段有起有落、终归平淡的生活。他是一份陪伴在你左右，点点滴滴渗透，相伴到老的恩情。两个人只有都往更好的方向发展，才能活得丰盈、圆满。

无论何时都别忘了爱情的势均力敌，永远不要松懈，不要放弃自己。哪怕暂时囚困在婚姻里，心里也要有面明镜，时常反省自己，审视爱人，一起面对未知。

婚姻的好坏，全凭自己掌控，不足为外人道也。

一辈子很长，要和有趣的人在一起

1

王小波说："一辈子很长，要找个有趣的人在一起。"也常听长辈说："这小姑娘挺机灵，说话做事干脆利落，实在是有趣。"

那么，什么是有趣？有趣不仅仅是一个概念，更是一种骨子里透出来的灵气。和有趣的人在一起，你会觉得整个人都非常轻松，生活不再贫瘠得只剩下柴米油盐，爱情不会世俗到计较房子、车子、经济收入，就连彼此间尖锐的对立，都能变得柔软生动。

说起有趣，我不由得想起一位高中时代的朋友。

我的朋友是个才子，会写诗会跳舞，吉他弹得也不错。每当谱出一首不太成熟的新曲时，他总会打电话给我，一边弹琴，一边咿咿呀呀地唱，吉他欢快的旋律就在我耳边回响。

那个时候，不管外面的世界有多浮躁，生活中遇到了多少挫折，我总能被他的音乐感染，内心变得开朗光明，不再害怕前路的凶险，对未来充满了希望。

后来的我渐渐明白，日子总是重复，日复一日，而看上去一样，其实每天都是一个新的开始。一个人活着，就是无时无刻不在与自我和非我斗争。可活着不该只是保持"活着"的状态，还必须有理想，有诗情画意的想象，有跳脱于繁华俗世的精神乐土，有一种对生活最初最本真的热爱。

我想，有趣的人总能把平淡生活过成诗歌，他们每时每刻的新鲜活力，会让人对世界充满期待。

2

人与人的思想和观念的不同，源自他们对世界的解读与看法的差异。

一个有趣的人，世界在他眼中总是充满非凡又未知的冒险。也许你每天穿梭于钢筋水泥的城市丛林，看着形形色色的人如蝼蚁般走过，你会变得麻木，日渐平庸。可有趣的人不这么想，他会饶有兴致地打量这个芜杂世界：那个女人此刻的神情如此恍惚，她是不是遇到了什么麻烦；那个男人看上去如此疲惫，提着公文包满头大汗疾步行走；那个年轻人走在一位女士身后，两人不说话，可能因为刚才的晚饭不太合胃口……他是个兴致勃勃的观察者，这些隐秘的小心思时刻都会出现在他的脑海里。

他会走走停停，看到好看的风景，随手拍下照片保存；他会有一项很不错的爱好，可以作画，可以唱歌，抑或跳舞；他会有很多奇思妙想，时不时冒出一个，说干就干；他喜欢肆意生活，爱好手工，喜欢一些原始、未经雕琢的美……

也许他会突然想去一个他自己听也没听过的地方，只为给你写明信片；也许他会去旧物市场淘宝，或者高价买下看上去古古怪怪的一切；也许他会骑着单车在一个阳光晴好的午后，邀你一起去田野散散心……

在他的世界里，什么都可以变换角度，他不会局限于一种思维。他的心很自由，眼界很开阔，他不会人云亦云，摆弄低级趣味。他是独一无二的存在。

爱在异性面前讲荤段子，总是把别人的糗事挂在嘴边，这些都不是有趣，是低俗和无聊。有趣的人不显山露水，你都感觉得出他的特别、新奇和活力。他会在你心情不好的时候，突发奇想讲个冷笑话，转移你的注意力，会跟你说一些他曾遭遇的奇怪事，会喜笑颜开地带着你感受生活的美。

知乎上一个网友说："我所认为的有趣，不过是对待小事都会极致专注的态度，或者是拥有达·芬奇式的想象力，抑或是敢爱敢恨、奋不顾身的勇气。"他会精心对待生活中的事情，即使它看起来非常小；他愿意花时间钻研，只要他真心喜欢。

有趣，是一种由内而外散发的光芒，是一个人用心感受生活后在举手投足间不经意释放出来的人格魅力。

拙劣的笑话只会显露出一个人的无知与浅薄，而真正的有趣会让人发自内心笑出来。

<u>3</u>

《浮生六记》中沈复的妻子芸娘，是一个非常可爱的女人。她性格温柔，喜素色长衫，擅绣，热爱烹饪，一饭一蔬都自己动手。当时的沈复无功无名，生活不尽如人意，她却从不抱怨。夫妻俩相互扶持，日子也过得很开心。

譬如："余之小帽、领、袜，皆芸自做，衣之破者，移东补西，必整必洁，色取暗淡，以免垢迹，既可出客，又可家常。"

沈复说自己"爱花成痴，喜剪盆树"，还会趁扫墓时捡回纹路好看的石头，堆叠成造景。而芸娘慧眼独具，总能将这物外之趣收拾得恰到好处。

夫妇俩平日静室焚香不辍，案头瓶花不断，清贫中亦有其乐。志趣相投的友人偶尔来访，芸娘常有巧思，而使宾客尽欢。也难怪每每友人赞叹："非夫人之力不及此。"

我想起曾读过的一本书，名叫《饥不择食》，作者通过描写一些消失的南京小食，将他儿时的天真与趣味融入地地道道的寻常百姓生活，在我看来，那就是一种有趣。

不是非要大富大贵，吃遍天下，不是非要翻山渡水，游历人间，仅仅是踏实生活，淡然处之，就能于日复一日的平淡中结出鲜嫩果实。生活不是缺少美，而是缺少发现美的眼睛，还有那份天真烂漫的童心。

苦也是过，甘也是过，人生总是一步难、一步佳。

不管是杨绛先生在《我们仨》中描写的一家人细碎温暖的过往，还是三毛与荷西在沙漠中的奇妙人生之旅，都是一种对生活的褒奖与喜爱，爱这生命中存在的一花一树，一山一水，爱眼前的人，远方的景。

热爱生活，融入生活，才能成为一个有趣的人。

在这个物欲横流的年代，愿你还能静下心来做一个有情有趣的人。闲暇时摆弄插花，读读诗书，喝喝酒，永远热爱生活，永远怀抱理想。一个人只有眼前的苟且是不够的，还应该有诗和远方。

王小波说："一个人只拥有此生此世是不够的，他还应该拥有诗意的世界。"你我皆有趣，才能在这浩瀚星河里相遇。

* * *

别让梦想变成梦和想

我希望，每天叫醒你的是真的梦想，
它不是你只靠做梦和幻想就能去完成的。
毕竟不是靠梦就能生活无忧，
靠想就能尽善尽美。

别让你的梦想，只是梦和想

1

我很敬佩一位喜欢音乐的朋友。他大学读到二年级，毅然选择去当兵，一去就是两年。即便身在部队，他依然坚持音乐梦想。

每个周末我们都会通电话。他的歌声透过电波传过来，有如天籁。

他的出色绝非偶然。他高度地自律，每天雷打不动练琴三小时，除此之外，一有时间就调弦、练声，手磨破了缠缠胶布就好，嗓子哑了含片西瓜霜就好。

他说，从军期间印象最深刻的事情，莫过于演习受伤，小腿骨折了，当时他就疼得倒地不起。演习因此中断，他被送到医院急救。那是段异常折磨人的治愈过程，如果不是有音乐相伴，或许疼痛就蚕食了他最后一丝的求生欲望。

我听了十分动容。所谓梦想，也许就是支撑你走过最黑暗岁月的用之不竭的力量。因为有梦想，就有希望。

我还有个大学男同学，黑黑瘦瘦的，弱不禁风，声音细脆，说话像个女孩子。因为这样，他总被班里高高大大爱出风头的男生嘲笑。

可他不计较，他根本不愿意把有限的时间拿去计较。

他热爱编程。任何程序语言对我来说都是"我想找你，你不理我"的尴尬，而到了他那里就是久违的朋友，是心照不宣的默契。以前，我总以为他是个旷世奇才，后来才知道他为梦想付出了多少。

听朋友说，他从小就学电脑。到了高中，课业繁重，可他还是一门心思扑在电脑上。对此父母坚决反对，他不肯屈服，就跟家里大吵一架，甚至不惜离家出走，最后和家里断绝关系，他也不愿妥协。

很多人看着他在大学里拿奖拿到手软，却从不知道，在那些不为人知的岁月里，他倔强地咬住嘴唇，抵过嘲弄和质疑，一个人用双手默默地撑起了摇摇欲坠的梦想。

这条道路他走了十余年，七千多个日夜，焚膏继晷，从蹒跚学步的孩童，到如今初有所成的青年，一路上，他没有放弃梦想。

从不被理解、不被认可，到闪闪发光、被人羡慕，多少人默默地坚持着。世人皆看重结果，而奋斗的过程，唯有自己知道。

2

这一年，我认识了许多年轻作者，他们大部分还在读书，即便如此，小小年纪写的文章也已见诸各大期刊。学习功课，签约写稿，他们一个不落。要问如何做到的，不过是在别人着急享受的时候，他们殚精竭虑地敲下文字而已。

也许你看到的文字，是他在熄了灯的夜晚，忽然从床上爬起来，开灯提笔写下的灵感；或者是在长途跋涉的列车上，他在逼仄的角落里奋力地按手机，才得以保存下来的心血。这个世界上有太多人在不为人知的地方铆足了劲努力。

我有个做自媒体的朋友，曾经在一次深夜畅谈中，说起自己的创业史。有次他发烧到四十度，头脑不清醒了整整一个星期，那样的时候，他还在坚持事业。他没有告诉任何人，在陌生的城市里，他就这样强拧着一股劲，不妥协，不愿放弃心中的梦想，不愿变成一具没有灵魂的躯壳。

他说，跟我说这些不为证明自己有多伟大，不过是给我力量，要我坚强。

电影《幸福来敲门》里史密斯对年幼的儿子说："If you have a dream，you got to protect it."（如果你有梦想，你就得保护它。）

是谁说的，你必须非常努力，才能看起来毫不费力？

也许，盛开的花，你只看到它现时的明艳，却不知道它曾在风雨里瑟瑟飘摇；飞舞的蝶，你只欣赏它好看的翅膀，却忘了它化茧成蝶时痛苦万分的模样。

我们总在羡慕富人的家财万贯、诗人的流浪远方，却不知道背后的真相。所谓，能力越大，责任越大。所有的一切，都是说得容易做着难。你口口声声说着梦想，却不为此行动，那不过是你自以为是的幻想。

世界很公平，欲达高峰，必忍其痛；欲戴其冠，必承其重。要做好一件事，怎能不有所背负？

3

生活这座围城，只有不断寻找，才能找到出口。

我希望，每天叫醒你的是真的梦想，它不是你只靠做梦和幻想就能去完成的。毕竟不是靠梦就能生活无忧，靠想就能尽善尽美。

你还要睁开双眼，穿好衣服，脚踏实地，去为它奋斗，日复一日，去为心中的执着拼尽全力。

罗曼·罗兰说："世界上只有一种真正的英雄主义，那就是在认清生活真相后依然热爱生活。"

我想说："世上还有一种英雄主义，是在尝尽了生活的各种滋味之后，还愿意目光灼灼地去实现梦想。"

我真的不希望你所谓的梦想，只是梦和想。

去追逐梦想吧，就像歌里唱的那样：

"向前跑，迎着冷眼和嘲笑，生命的闪耀不坚持到底怎能看到？与其苟延残喘，不如纵情燃烧吧！为了心中的美好，不妥协直到变老……"

哪有人天生好命，不过是在咬牙坚持

1

大白是我的大学校友，好几次足球比赛，他猜球都八九不离十。我们都纳闷："大白，你是神算子转世吗？"他憨憨地笑："我胡乱猜的，运气好，猜对了。"

后来，偶然一次聊天，我又问大白，他才道出实情。原来他是用了概率论和微积分，做了一些运算，哪想结果就给命中了。说着他不知从哪儿翻出一大沓厚厚的稿纸。

我们看着那些密密麻麻的演算，早已惊得目瞪口呆。显然这跟运气没什么关系。

我还有一个朋友叫花花，我们是在报名参加一个游戏动画培训班时认识的。那时的她穿白色短袖、蓝色牛仔裤，眼神清澈，目光锐利，给我留下了不错的印象。每节课花花都认认真真地做笔记，遇到不懂的就问培训老师，直到把问题弄懂。她一丝不苟的精神，让我非常佩服。

几个月后，花花培训考试得了第一名。很快，她应聘到业内一家很有名的游戏公司上班。我听说后，打电话祝福她如愿以偿。电话那端，她笑着说："我命好而已。"

半年后，我们在一家酒吧相聚，各自谈了工作近况。花花说，她已经升任项目总监，薪水也提高了不少。我开玩笑似的说："命好的人，咱比不了，只能羡慕嫉妒恨了。"

她假装生气地说："你当真以为我命好呀？"

这一问，我怔住了。

她接着说："这世上哪有什么事情能轻松做到啊，哪会有那么多好命的人？你还记得当初那个培训班吗？那时，我每天在公交、地铁上，一遍遍听着课堂录音，整整坚持了三个月。更别提那些枕着习题入睡，又抱着笔记醒来的夜晚了。

"我从未向谁提起那段艰辛的时光，因为比起今天的结果，它微不足道。而当一切瓜熟蒂落，你才会明白，你得到了，是因为你付出过。"

那一瞬间，我哑然。花花的话如当头棒喝，令我幡然醒悟。所谓的好命，其实只是优秀的人嘴上的谦辞啊。

2

去年九月，我在青岛旅行时，看到一处街角围了很多人，于是好奇地走过去。我拨开人群，挤进去，看到一张半旧不新的桌子上整齐地摆着几个泥偶，形态各异，惟妙惟肖。旁边有一位中年人，他四十岁上下，穿着朴素，但眉宇间自有一种卓尔不群的气质。他坐在一只折叠椅上招待买主。

我顺手拿起一个泥偶，仔细端详。中年人说："喜欢，就买一个吧。我这都是手工做的。"我问他多少钱。中年人说五十一个。他又补充说："可以现场做，看你想要什么样的。"

我做过一段时间记者，可能是职业习惯，凡事总爱问东问西。于是，我又不由得问中年人干这个多久了，是怎么选择做这个的，现在收入多少之类的话。

起初，他有一句没一句地应付着。我站着不走，约莫过了一个小时，人群逐渐散去。中年人也由之前的忙碌、警惕，变得清闲、放松。他告诉我，他来自南方，打小就喜爱泥娃娃。上学时，他偷偷地在课堂上摆弄泥娃娃，泥土弄脏了邻座同学的书本，被同学"告发"，老师知道后对他大加训斥。由于家庭贫困，他初中未读完就辍学在家。他原以为从此可以大搞他的泥偶生意了，不料，父亲发现后骂他不务正业。他气不过，偷了父亲两百元钱，留下张字条就出外打工了。因为学历低，又没有技术，他只能干一些简单的体力活儿。他东奔西走，吃尽了苦头。然而，不管到哪儿，只要一有空，他就鼓捣泥偶。为此，他还到书店查阅了大量相关书籍。他勤于思考，注重实践。果然，皇天不负有心人，他苦心孤诣做出来的泥偶在一次手工艺术品展会上大放异彩，被外商看中，他也因此小赚了一笔，后来搞了个小型加工厂。

这次，他是偷偷从厂里跑出来"微服私访"的，为的是零距离了解市场。末了，他兴致勃勃地对我说："我这个人命好，不用像我大多数老乡那样，在工地上大汗淋漓地挣钱养活老婆孩子。他们是真辛苦。"

听他断断续续地讲完，我不禁心头一颤。原来，每个成功的人都离不开一番艰辛的付出。那些所谓的运气好，不过是种客气的说法罢了。任何人的成功都是心血和汗水浇灌出来的花朵。背后的艰辛只有自己知道。

3

有人说，运气太重要了，"只要站在风口上，猪都能飞起来"。还有人说，运气是发家致富的垫脚石。

诚然，运气不可或缺，抓住了可能会青云直上。可我想说，若你自身不努力，连运气是什么都琢磨不透，又怎能站在风口，等风来？

那些年少成名的作家，抽屉里藏着多少折翼的梦想，你可曾知道？那些天资过人的科学家，牺牲了多少精力乃至生命去破除迷信，你可知道？

我身边事业有成的朋友，没有一个不是勤奋刻苦的。他们在地铁里握着手机和客户沟通，在街头向来往的行人推销产品，在电脑前不厌其烦地写邮件、发邮件，争分夺秒，没有一刻闲下来。

而我每天自发自律地看书、写文，一分一秒也不敢懈怠。当然，所有的努力都有回报，从一个一文不名的小写手到今天的公众号执笔人，我也慢慢地取得了不小的成就。

运气，只是强者的谦辞，弱者的借口。当你的努力还撑不起梦想，给你好运也无以致用。

如鲁迅所言："世上哪里有天才，我只是把别人喝咖啡的时间用在工作上罢了。"

4

荀子在《劝学》里说："不积跬步，无以至千里；不积小流，无以成江海。骐骥一跃，不能十步；驽马十驾，功在不舍。"

我是个笨人，就爱用笨拙的方法，一遍遍重复，锲而不舍，金石可镂。

其实，哪有那么多的好运相伴，机会从来都是留给有准备的人。所以，不要再做思想上的巨人、行动上的矮子了，踏踏实实才是制胜法宝。

天上掉馅饼也许不是好运，而是陷阱。大多数人缺的也不是运气，而是真正的努力。

与其羡慕人生赢家，不如先把手头的工作做到极致，付出总有回报。哪有人天生好运，不过是在别人看不见的地方咬牙坚持罢了。

你只能得到你想要的

1

前几天，我收到一位读者的留言，他说他很焦虑。

那天，我一时抽不出时间回复。也不知过了多久，抬头的时候，窗外的明媚风景已被黑暗吞没。

合上电脑，我才想起他的留言，连忙拿起手机问他为什么。所幸他还在，很快回复："这学期，学校把我们整个班都扔进了工厂，我们每天在流水线上干活儿。"

看到回复，我既吃惊又疑惑，不禁问："你们学什么的？"

"机器人流水工，刚出的专业。"

我不知道手机那头的他是用怎样的表情打下这行字的。

后来，他又断断续续说了好多。他说自己不想重复现在的一切，想奋斗却无可奈何，未来一定会美好，可现在不是他想要的。

看完他的留言，我叹了口气。道理你都懂，可你实际上做了什么？空想谁都会，空谈不费劲。周而复始本就是一切生物活着的常态。生活，重要的永远不是你想怎样过，而是把你的想法付诸行动。

2

我曾在一家刚刚成立的公司工作，每当下了班，踱步在空无一人的走廊里，我就会想起自己的工作历程。

最开始是做网页，前辈抛给我一堆视频，丢下一句"自己掐时间跟着学"，便转身离去。我颤巍巍地点头，硬着头皮做了起来。

可不曾想后来越发难挨。每天对着电脑，我除了愁眉苦脸，就只剩唉声叹气。这种感觉就像百般说服自己接受一个不喜欢的人一样，无论怎样也快乐不起来。我这才知道，工作和恋爱有时候多么相似，都不能勉强。

实习不满两个月，我便选择了辞职。那天负责人很惊讶，他呷了口咖啡，说："你是我遇到过的走得最快的实习生。"

我却表现出从未有过的平静："嗯，想过了，我不太适合这个工作。"

那次面谈之后，我想我找回了自己的心，就像在冰冷深海里突然苏醒，睁眼看见闪耀着阳光的海面，波光粼粼。不知道这算不算一种顿悟。

那之后，我不再受制于所学专业。因为，即便舍弃四年，我还有余下的一生。

有人问，生活的意义该如何看待？我想，一切都取决于他对自己的要求。学会正视内心，才能找到你真正想要的生活。

3

之后，我重拾起往日热爱的文字，从写文案到做编辑，从一个跨专业的外行到现在的游刃有余，不得不说，我有种劫后重生的感觉。

我现在正做着中学时代想而不得的事情呀，真像个梦境，却又无比真实。当然了，表面看起来顺风顺水，暗地里付出的艰辛只有自己知道。毕竟在这世上，要被人认同，本就是一件艰难的事。

从屡次失败，不被人看好，到第一次被人接受，受到欣赏，我在这段时间里尝尽了酸甜苦辣。还记得我收到入职通知的那一刻，几个月来的奔波和沮丧，顷刻化作两行滚烫的眼泪，顺着面颊流了下来。一切都值得了。

最初的新鲜感过去后，我耐住寂寞，每个清晨、黄昏或深夜，我重复着手里的动作，断断续续敲下文字，去雕琢未完成的梦想。路上、车上、饭桌上，甚至深夜的睡床上，无论何时何地，不管是对着电脑，还是就着手机屏幕，我都可以肆意挥洒。

如果哪位读者问我，要怎么坚持才能熬过这段艰难岁月，我多想说，只要心有所想，就会拼尽全力去做，再艰难的日子也能熬过来了。

人有时候就是在不断摸索又不断走错路的过程中，才发现自己真正想做的是什么。

4

你想过上怎样的生活？

是有生之年在北京四环内买套房，收集全球最有价值的鞋和包，还是成为一个有价值的作家或艺术家，还是归隐山林，晨钟暮鼓，粗茶淡饭，自给自足？

是白手起家，终有一天富甲一方，还是穷其一生，携手爱侣，宠辱皆忘？

或者是什么都不想，无欲无求，平淡过一生？

无论你想过上怎样的生活，都没有想象中那么简单，你必须承受它的重量。

你或许像我一样，在狭窄的密密麻麻的格子间里，埋头苦干；在拥挤的公交车、地铁里，麻木摇晃；在人来人往熙熙攘攘的大街上，眼神失焦；在前行列车一逝而过的风景里，沉沉睡去；在朝九晚五的重复生活里，苟且度日……

不必觉得困扰，因为，这本来就是我们所有人的真实生活啊。谁都不能满腔热血，一年、两年甚至十几年永远姿态昂扬地活着。每种生活都要消耗光阴和力量，若不能承受孤独，便得不到自由。

想起一句话：我闪闪发亮的时候，也曾在黑暗中蛰伏好久。

5

生活，没有标准，也没有对错，有的只是你自己的选择。

很多人在眼前的苟且里装着远大而深沉的梦想，我只是其中平凡的一个。

想说什么很简单，想做什么不容易，要坚持就更难。可为什么还有那么多人在努力，跨越漫长而孤寂的时光，最后发出令人瞩目的光芒？

是那颗身处花花世界仍能不被耗损的孤勇的心，支撑着他们走向远方。

贫乏的生活会让懦弱的人一击即碎，也会使意志坚定的人乘风破浪，驶向未来。所以，真正重要的从来不是要过上怎样的生活，而是在实现你要的生活之前，在一次次的失望、徘徊、沮丧、困顿不堪里，鼓起勇气一步一个脚印，擦干泪水，一次又一次振作，别问要触底多少次，别说要挣扎多少回，坚持下去，不甘心下去，这便是生活的意义。

　　他们站在原地嘲笑你，你却已在路上。我相信，生活不会亏欠你的执着和努力，总有一天，你会过上你想要的生活。

美丽，是要付出代价的

1

十五六岁的时候，我和大欢整日闲逛。当路过婚纱店时，原本嬉笑打闹的我们就像傻狍子似的定住了脚。那是我第一次那么认真地去看一件婚纱，如同打量临凡的观世音菩萨，它是那么神圣不可亵渎。

看店的姐姐摆摆手，示意我们进去。我俩就小心翼翼地走进了店。大欢的眼睛闪亮亮的，忍不住好奇地问："姐姐，外面的婚纱真好看，可就是太小了，新娘子穿着会不会难受啊？"

姐姐笑了，说："不会啊，穿婚纱只是第一步。"说着，她带我们走进化妆室。当琳琅满目的瓶瓶罐罐塞满视野时，我俩立刻呆住了。她拿起一盒假睫毛，眼睛笑成了月牙："这个是新娘子睫毛弯弯的秘密武器哟！"

十五岁以前，我活得比汉子还粗糙，别说假睫毛了，指甲油都没见过。"这个我知道，贴眼皮上的，特别好看。"还是大欢有见识，她顿了顿说，"可是，好看归好看，也不舒服啊！"

姐姐摇了摇头，走到我们跟前，看着我们幼稚的脸庞，语重心长地说："姑娘啊，美丽，是要付出代价的。要多美丽，代价就得多大。你们还小，长大后会明白的。"

那一刻的我就像被闪电击中了，呆呆地站在原地，随之而来的是一股疼痛，仿佛身体被撕开，流出了鲜红的血液。

后来，无数个醒着的夜里，那位姐姐说的话就在我心里飘浮着，很久以后，静静地落了地，生了根。

美丽，是要付出代价的。我深以为然。

2

年关那会儿，我见到了许久未见的小侄女。

我看到她时惊得哑口无言，天哪，这哪是我认识的小胖姑娘啊！

　　短短几个月，她真是脱胎换骨了一般。如今，她俨然是个青春美少女，肤若凝脂，发如黑瀑，身材高挑，还有近乎完美的体形，让我恨不得找个地洞钻了。

　　以前她吃喝无节制，现在却出落得亭亭玉立。从140斤减到90斤，想想都知道她付出了多少心血。闷热的暑假里，每天早上，她雷打不动，必定要喝一杯蜂蜜水，中午、晚上都吃水煮青菜，不加油盐，饿了，只是咬个苹果。

　　现在很多人要减肥，可又吃不了苦。营养师设定了一周食谱，你怕饿；瘦身教练安排运动计划，你又嫌麻烦。可是，减肥怎能说说就够了呢？管住嘴，迈开腿，一个都不能少啊。

　　如果你以为我小侄女只是控制食量，那就大错特错了。那时候，她上午练瑜伽，下午做有氧操，几个月来从未间断。你说她毅力强、决心大啊，自己哪有那么坚定的信念。其实不是的，她也会沮丧，也会想要放弃。可每当有所动摇时，她就咬着牙想，一定要让自己变漂亮，在那些说她胖的人面前骄傲地发出光来。这么一想，她就又变得无比坚定了。

　　你看，她真的就成功了。直到现在，她依然坚持每天运动。

3

一个美容技师曾跟我说:"你看街上那些女人,个个走得底气十足,其实私底下都铆足了劲,对自己狠着呢!有的为了皮肤好,坚决不喝碳酸饮料,不吃油炸食品;有的为了身材好,坚决晚九点后不再吃任何东西;还有的为了保持美丽,吃素几十年,肉糜不与,滴酒不沾。"

这就是代价啊,为了美丽,拒绝一切加满添加剂的"好吃"的东西;为了美丽,严格要求自己,时刻自律。

别说十年如一日了,很多人三天都坚持不了。道理你都懂,却怎么也做不到。原因只有一个,你舍不得狠下心,只想着一步登天。

就像减肥,人人都靠减肥药,不痛不痒地就能轻松瘦身,那世上还会有人为减肥发愁吗?再说祛痘,随便擦点儿药,然后就熬夜,吃辛辣食物,满脸油光,不打理自己,还想保持好皮肤,这可能吗?

自己不想吃苦，就得不到想要的美。天底下哪有那么白来的美丽？毕竟，人生前期越享受，后期就越难受。所以，你现在是想难受，还是享受？

4

一个女人，十五六岁的美是天然的，而随着年纪增长，岁月流逝，就要用更多方法去降低时间带来的损害。

别信那些"你不用保养，擦点儿大宝就好了"的鬼话，二十五岁后，你还想天生丽质吗？胶原蛋白都开始流失了，女人啊，要开始与岁月抗争了。

我邻居家的老阿姨，六十来岁，气色好得不得了，她的皮肤光洁无瑕，透着自然的红晕。问起保养秘诀，她说她每天七点半喝一杯蜂蜜水，二十年来从不间断。除此之外，她还经常爬山、练太极。

我在广州买燕窝时，见过一位气色很好的女客人。店主偷偷告诉我，她是熟客，吃燕窝十来年了。

我一个好朋友，不管多晚回家都坚决卸妆，做整套护肤流程，再忙再累也要坚持。也许你会说，生活那么忙，哪有时间做这么多？乖乖，勤快一点儿啊，时间就像海绵里的水，挤挤总会有的，对不？

你看，别的女人都在想尽法子让自己美出花来，你还有什么理由偷懒？

都说女人越自律，越年轻美丽。你见过几个对自己松散懈怠，还能在举手投足间优雅从容、不慌不忙的女人？

我时常羡慕那些精心打理自己、高度自律的女人。话很容易说，鼻子下面一张嘴，张口就是，事就不那么容易做了。真正的胜者，是那些忍得了苦痛，付得起代价，能破茧成蝶、凤凰涅槃的人。她们既注重容貌、身形，又对自己的内在涵养、修为品性极度重视。

不是每个人都能浴火重生、脱胎换骨，毕竟美丽要付出太多代价。经受了这些代价，才能完成蜕变。

5

其实不光美丽，世上的一切，皆祸福相倚，光影相伴，想要得到，必将有所失去。人生也如此，你要的越多，就得向生活交付更多。

可我仍希望，你要尽可能地美，尽可能地在有限的生命里，于这片贫瘠的土地上开出花来，骄傲地、自信满满地迎着骄阳，扬起面庞，去漫山遍野，花开不败。

女人如花，该有它动人的芬芳。

若你想在岁月流逝后依然留下摄人心魄的美，就请在年轻时竭尽全力为它买单。

因为长大后，你会发现，所有的美丽都不容易，所有看上去的成功也绝非偶然。毕竟，轻易得到的，不会长久；长久留存的，皆来之不易。

尽可能用自律去换好身材，尽可能多读书去填补内在，尽可能精致而认真地活着，拒绝那些会令你变丑的一切因素，去好好生活，才能越活越美。这就是美丽所要付出的代价。

别害怕失败，只勇敢前行

五月，我办了场线上分享会，吸引了近三千人同步在线观看，其火爆程度是我所未预料到的，收获自然很多。最令我感慨的是，一个人的潜力是巨大的，能做到的事情可以超乎想象。

开课前，我害怕失败，内心很焦灼，想要拖延甚至放弃，迟迟不肯开始。彼时，我的老师语重心长地说："如果你总想着以后去做，那么就辜负了当下。不要害怕失败，只管放手去做。"

那一刻，我热血上涌，内心澎湃。

我心道，一个人若不把自己逼入穷途末路，就不会有奋力向前、锐意进取的勇气。

有句台词说得好："生活中很多美好的事情，都不是等你准备好才会出现的。"你要知道，没有以后，以后不会来。错过了，就是一辈子的错过。现在不去做，事后后悔也无药可医。

2

晚上，一位朋友给我说了她的故事。

曾经的她又胖又黑，现在却自信满满，光彩照人。旁人眼见她越来越耀眼，毫不客气地问道："你在哪里整的容、去的脂呀？推荐一下呗！"公司里甚至有同事窃窃私语，讨论她是不是被人包养了，一定是谁谁的情妇。

诸如此类。

那些阴暗角落里的嬉笑，空穴来风的推测，会让人觉得，好像这世上没有人真的希望你变好一样。她不去追究，内心坦荡，清者自清，如一株不蔓不枝的青莲。

我止不住好奇，问她变化的秘诀。她答，不过是学会了更好地自我管理而已。

曾几何时，她也躺在沙发上，咬着薯片，对着电视里的时尚达人欣羡不已；她也曾望着肚子上的赘肉，唉声叹气。可也是那时候，她质问自己的内心，为什么别人能做到，她却做不到？

此后，她下定了决心要改变。她坚持每日吃素、跑步、举铁，还打卡督促自己。每当成功瘦下一点点时，她就买份礼物犒赏自己。她还报了形体训练和服饰穿搭学习班，结识了很多志同道合的伙伴。今年，她发起城市短跑比赛、妆容分享沙龙，还获得了健身教练资格证……

如今，没有人不惊讶于她的蜕变。一千多个日夜的蛰伏，终令她闪闪动人，赢得掌声雷动。现在的她，活得骄傲，从容又优雅，仿佛一株暗夜盛开的玫瑰，散发着迷人的芬芳。

生活中，很多人都在不断怀疑自我的能力，还没开始，就畏畏缩缩，自我暗示着"我不行""我做不好"。而其实，事情是一点点做成的，当你开始了，就有了超越一切的可能。

重要的不是结果，而是过程中的不断突破与成长。它们会带领你穿越黑暗，拥抱内心的光芒。

3

　　我公寓楼下有一家新开的画室。我无数次从那里经过，余光里仿佛能看见那些透过玻璃折射出的艺术气息。

　　一次闲逛，我终于好奇地钻了进去。画室很安静，人们三三两两地坐着，面对画板作画，似与自己无声对答。

　　"来学画画吗？"一位先生的声音钻入我耳中。我回过头，撞上他真诚的微笑。

　　"想学水彩，可是没基础。"我惭愧地说。

　　先生指了指我面前的油画，缓缓道："这个，可看得出是初学者的作品吗？"

　　我摇头。

　　"再来看这幅，"说着他拿起一幅兰花图，"光影处理十分精准，也是像你一样没有基础的女生所创。"

　　我不禁小小吃惊。原来，很多事情做与不做，结果截然不同。

那些你总以为做不到的事，却在你一次次认真付出的过程中，从不可能变为可能，最终创造出让自己都不敢相信的奇迹。

天才就是百分之一的灵感加上百分之九十九的汗水，这句话，一点儿都不假。

音乐天才贝多芬，在听觉日益衰弱的痛苦里创造了《命运交响曲》，那些对生活的爱和对艺术的执着，扼住了命运的咽喉。

苦难使人成长，再大的艰险都打不败一颗强大的内心。我始终相信，一个人想做什么，就要努力去做，不要计较太多。即便你什么也没做成，也不失为一场轰轰烈烈。努力做事可以让人超越年龄，不计生死。

其实我想问问那些畏缩不前的人，为什么你还没开始就否定自己？为什么还没结束却干脆放弃呢？

其实，成败之间，隔着的只有一个不知内心是否坚定的你。

这个年代，我们都太容易否定自己，太轻易决定一件事情的成败，也太容易为事情的失败找十足的借口和理由了。

你是否还记得当年的那句话："Everything is possible, just do it！"（一切皆有可能，尽管去做！）

战胜不可能的唯一办法就是相信一切皆有可能，然后，努力去做。

那些打不死你的，终将成就你。

越活越美的女人到底长什么样

1

去年八月，骄阳似火，栗子姑娘来找我表姐。刚巧我去表姐家，就撞上了栗子姑娘带着行李、拖着小儿子，哭哭啼啼坐到了表姐面前。

那一幕把我惊呆了。到底是经历了什么，一个女子才会如此声嘶力竭不顾一切地号啕大哭啊？

听表姐说，栗子是她大学同学，刚毕业就找到了归宿，火速结婚，羡煞了众人。结婚后，她便放弃了外企工作，安心做家庭主妇。好友都劝她："女人不能结了婚就不独立啊，没有工作，这辈子你就指望男人？靠得住吗？"

她摇摇头，不听，说："我老公待我特好，我安心给他料理家务，做坚强后盾。你们担心都是因为你们没安全感。"众人便不再说话。

　　结婚前几年，他们夫妻俩确实如胶似漆，恩爱有加，栗子的丈夫也算得上劳模。表姐说，一群结了婚的女人聚在一起的时候，栗子姑娘总是最耀眼的，她丈夫对她好得没话说。

　　既然她嫁得这么好，又为何会有如今这场面呢？

　　栗子姑娘声泪俱下："他背着我在外面养'小三'啊，我费尽心力操持这个家，含辛茹苦养娃，到头来，他要这般对我，我……"

　　表姐叹了口气，她拍着栗子的脊背说："你这么操劳他都不知道疼惜，还背地里找人，你又何苦伤心呢？！"

　　栗子默默抹眼泪，她很憔悴，红肿的眼皮过分撑着，眼睛下是乌青的眼圈，头发被眼泪打湿了，一缕缕贴到了脸颊上。她哭成了泪人，直让人心疼。

　　可我们没办法，婚姻里的事，很多时候只有当事人能解决，旁人又怎能体会这百转千回的感情呢？只能自己一个人挺住啊。毕竟解铃还需系铃人，外人，不足道也。

　　表姐默默拍着她的背，栗子的情绪慢慢好转。

　　她肿着一核胡桃般的红眼睛，一边擦眼泪，一边哽咽。她说看到他领口有口红印，就问他，结果他不耐烦，恶狠狠地说："应酬时不小心蹭到了，这你也要问？"

那时候她虽然生气，可没有证据，不好追究。直到后来，她竟然撞见他和另一个女人在一起，多么俗套的桥段啊！从未想过把真实生活过成电视剧的她，无比心酸。

"那些生活里的蛛丝马迹——上厕所时间越来越长，回家越来越晚，手机密码换了……我都可以假装不在乎，可这次我亲眼看见了，他怎么能这样对我……"

栗子原本平复下来的心又被刺激了，止不住地问："他从前对我那么好，怎么现在变了？当我看到他对一个年轻漂亮的陌生女人笑得那么灿烂时，我甚至怀疑，这真的是陪伴了我五年的枕边人吗？他怎么可以这样？"

栗子哭诉了一个小时，直到嗓子发痒才停下来喝了口水。

2

他怎么可以这样？！

这是一个女人对负心男人最常见的控诉。是啊，我对他那么好，为这个家付出那么多青春和汗水，尽心尽力，毫无怨言，他非但不感激，还要对我做出不义之事，让我承受婚姻的背叛，他怎么可以这样啊？！

表姐安慰了栗子好几个小时。到后来，栗子除了抱怨婚后为家庭的付出和丈夫的冷漠，就是细数丈夫出轨的种种罪状，来来回回就那几句。原本还想安慰她的表姐不想再说话。

也是啊，谁会喜欢听一个情绪高涨的怨妇抱怨好几个小时，没有任何实质性进展呢？所以表姐当机立断拖着栗子走到镜子前，冷冷地说："栗子，你看看你，现在什么德行？瞅瞅你的脸都成什么模样了？"

栗子止住了哭声。镜子中的女人，面容枯槁，身材臃肿，头发凌乱，衣服皱巴巴的，脸上还挂着未干的泪痕，毫无形象和美感可言。

"栗子，你刚毕业的时候哪是现在这样啊？！你那时可是'校花'，追你的人都排到校门口了。你嫁给他才几年，怎么就活成了这样？"表姐恨铁不成钢道，"如果一个男人不爱你了，或许不只是他变了，是你也变了。你不再可爱，又怎么让他爱啊？你看你，成天丈夫、孩子、家庭，你自己呢？你自己的人生呢？永远不要太早放弃自己的人生啊！"

栗子姑娘如梦初醒。她回到家中，突然间什么怨气也没了，心一横，对丈夫说："既然你不爱我了，那就让彼此自由吧。"她决定跟丈夫离婚。

只剩她丈夫一个人目瞪口呆——不都是丈夫道歉，妻子原谅，日子又过起来，然后"家里红旗不倒，外边彩旗飘飘"吗？怎么不按套路出牌啦？丈夫一下子慌了，原本玩玩而已，可没真想离婚啊。他赶紧跑到栗子面前忏悔。可一切都晚了，栗子铁了心要离婚，九头牛都拉不回来了。

他们很快离婚了，打了官司，共同财产对半分。由于丈夫出轨是事实，孩子的抚养权她也争取到了。

3

三个月后，在朋友聚会上，我再次见到栗子姑娘，然后再一次惊呆了。

这哪是我三个月前见到的那个哭哭啼啼的愁苦女人啊？三个月前见到的她，一身怨气，仿佛整个世界都对她有亏欠；而现在，她笑声爽朗，头发剪成利落短发，化着素净的妆，俨然一副成熟优雅的女性做派。

我注意到，栗子姐吃饭的时候不太吃肉。她像读懂了我的好奇般，悄声又调皮地说："我最近在减肥啦。"

吃过饭，栗子姐和我们告别，她说等会儿要去忙工作，便踩着高跟鞋扬长而去。

我跟表姐慢慢走到江边，望着滚滚江水。表姐说："看你一肚子狐疑，有什么想问的，说吧。"

"栗子姐究竟使了什么魔法，整个人都变了啊？"我百思不得其解。

"哪里有什么魔法啊！这就是她原本的模样啊。栗子之前只是太过在乎丈夫和家庭，忽略了她自己而已。她本来就特有魅力，特能干，离了婚，又投身了职场，把自己的日子又过活了。"

我恍然大悟，原来，使一个女人从美人变为怨妇的罪魁祸首，不是生活本身，不是那个曾爱她的人，而是她自己啊！

还有什么是比自我放弃还要可怕的事呢？女人，你不该为别人而活着，一定要为自己想想。这世上，靠山山会倒，靠人人会跑，靠自己最好。与其抱怨男人不爱你了，抱怨他找"小三"了，不如先检视自己，审视内心，问自己：你变了吗？你还可爱吗？还愿意让自己更好一点儿吗？

如果能意识到这些问题，你就还有救。

4

都说女人越自律，活得越肆意。看看那些活得好的女人——

某女星二婚，嫁了个比自己小好几岁的男人，接着孩子出生，微博上晒满了幸福。

另一位女星四十多岁，离了两次婚，生了三个娃，依然和现任小丈夫如同初恋，毫不忌讳地当街热吻，甜蜜地快融化了。对于前夫出轨的传闻，她只说："去爱那些对你好的人，忘掉那些不珍惜你的人吧。"

你看，面对婚姻的失败，她们放弃挣扎任由自己变成大妈了吗？她们要死要活、怨天怨地、泼妇骂街了吗？显然没有。她们只有一种果断，原来的爱没了就勇敢离开，现在的爱来了就放手去爱。

你为什么害怕失去，不敢离开？爱就在一起，不爱就分开啊。

婚姻不是女人的坟墓，别认为二婚就掉了身价，搞得像失去了一切一样。女人啊，必须为你自己活。

不开心了，你就让自己解脱，拖着只会徒增烦恼。要是你对另一半还有爱，那就努力提升自己，变美、变能干、变独立，让他刮目相看，让他反躬自省，让他羞愧一生吧！

那些抱怨男人不再爱自己的女人，怨气都快冲上天了。他是不爱你了，但是，你让自己变得更可爱了吗？你拖家带口，劳心劳力，所以就理所当然地要蓬头垢面、不修边幅、邋遢、臃肿吗？

那些结了婚还活得越来越美的女人从未放弃过自己，她们热衷打扮，爱好广泛，既上得了厅堂，又下得了厨房。

所以，永远不要把自己活活逼成怨妇。你要让自己可爱，才会有人爱，这样的姑娘嫁给谁都会好命的。

让你越来越美的，绝不只是你的生活、你的爱情，更是你自己的梦想和努力。

趁年轻，多读书

1

中秋节，我去了一趟方所书屋。

我一直很喜欢安静的图书馆和书店，只要用手掌抚摸那些书的脊背，内心便会感到莫大的宁静。

置身于那一片书海，外界的一切吵嚷仿佛在顷刻间消散，原本躁动的心渐渐平静下来，伴随着书香沉淀。

作为一个靠写字而活的人，我无比敬佩写书之人。那些旷世奇作，世世代代流传下来，而今依然受欢迎，这一点是写作者至高无上的荣耀。当翻开扉页时，纸上的文字就穿越时空来到眼前，悠然地诉说起曲折的往昔岁月。

那一刻，我的心里泛起涟漪，叹这千古流传、惊心动魄的文字之美。

看书，是一个人与心灵对话的过程。我们从书中找到世间的真相，也找到真正的自己。

2

一位读者朋友给我发了条私信，他写得很认真。

他说他刚参加了高考，查了分数线，发现分数太低无法被录取。他又说起自己的家庭环境，说起一直以来对学习的态度，还说他上不了大学，现在不知道该怎么办。

虽是只言片语，我却看到了他的焦躁与绝望。

一方面，他对未来没有底气。在这个研究生都得削尖了脑袋投简历、找工作的时代，高中文凭是那么苍白无力。现实如此，学历是块敲门砖，对于一个初入社会想要站稳脚跟的人来说，尤为重要。另一方面，他对人生充满困惑。当我问起他是否有一项爱好或特长时，他的回答含含糊糊，转而问："如果没有，要到哪里学？"语气里透着否定与失落。

后来我尝试提供一些建议。比如，看看家附近有没有会技术活儿的老师傅，去拜见拜见。再如，去网上搜索学习需要的资料。再就是多逛书店，读认识自我的书，通过思考过往的人生，发现问题，这样去做，定会有所收获。

再后来，他依然抱怨家庭、学校、人生的种种不如意。

我便没有继续开导了。我不是上帝，无法指引别人的人生。

抱怨不能解决问题，要解决问题，唯有勇敢面对。与其找陌生人抱怨，不如把时间留给自己，去好好琢磨琢磨人生。

毕竟，这世上没有人比你更了解你自己。

如果不能从过往的人生经历中找到答案，你就应当去浩瀚的书海里乘风破浪。一本不够，读两本，反正有益无害。

3

一个问题，它不可能孤立地存在，一定是与各方面都有千丝万缕的联系，彼此之间是互相牵绊、互相影响的。有个词叫剖析，我们要解决一个问题，就应当剖析，应当一层层地深入，找到其本质和内核。

这就好比人生，你会遇到很多困难，其实最大的原因在于自己。书里说:"吾日三省吾身:为人谋而不忠乎,与朋友交而不信乎?传不习乎?"这是在告诉我们自省的重要性。

"玉不琢,不成器"是说,一块玉不精心雕琢,就不能成为有用的器物。同理,一个人不努力学习,就很难成为有用的人。

古人的智慧,直到现在都在启发人的心智。可如今,有几个人能做到像古人一样呢?很多人说,现代人爱读书、会读书的太少了,我们都在浮躁中成长,少有沉淀自我的时间。所以才会在日复一日的生活里,活得麻木机械,失去希望。

4

人年轻时多读一些好书到底有多重要?

培根说:"知识就是力量。"

高尔基说:"书是人类进步的阶梯。"

李苦禅说:"鸟欲高飞先振翅,人求上进先读书。"

首先，读书能够修炼一个人的气质，雕琢他的思想，升华他的人格。

我有一个作者朋友，家中藏书万册。他谈吐不凡，为人精明，这一点从他写的文章中也略知一二。因为一个人读的书越多，他便越能通晓道理，就越能透过表面看到内在的矛盾冲突。所谓知书达理是也。所以，很多时候，若你充满了困惑，何不静下心来，喝一杯茶，看一本好书呢？

也许答案就在书中，找到之后，一切迎刃而解。

再来，读书能让你拥有丰富的人生体验，澄澈的心灵感悟。

或许你没去过北极，没到过冰岛，没见过密西西比河沿岸茂密的森林，但书能带你抵达，每本书都会留给读者宏大的想象空间。无论是社科学术类的工具书，还是文学戏剧性的故事小说，都蕴含着知识的力量，都能为你展现不一样的世界，让你感受到心灵的震撼，这便是文字永不磨灭的魅力。

最后，读书能够为人生指明出路，照亮你前进的脚步。

如果真的有一天，你的人生陷入了困境，就去书中找找出路吧。在充满荆棘的人生路上，枕边还有好书相伴，是一件很可以苦中作乐的事。在你不知所措的时候，它会帮你找到方向，伴随你继续前进，你会被这份力量鼓舞，为这份恩赐动容。

3

❋ ❋ ❋

养成好习惯，到底多重要

想要拥有积极、正确、健康的人生，
首先就要下定决心改掉坏习惯。

世界正在偷偷惩罚习惯不好的人

1

前阵子，我们家里来了几个客人，他们是我母亲中学时的同学。由于多年未见，母亲甚是热情。那天，母亲忙活了一上午，做了满满一桌子菜，还拿出父亲珍藏多年、过年也不舍得喝的茅台酒，招待远道而来的众人。

席间，一位叔叔冷不丁地说："要是老周也在就好了。"话音刚落，刚才推杯换盏、畅所欲言的热闹场面，一下子就冷下来了，大家沉默不语。我假装什么也没听见，继续往碗里夹菜。

叔叔口中的老周也是他们的同学。这位周叔叔由于频繁熬夜、酗酒，得了肝硬化，去医院检查发现时已经晚了。良久，一位阿姨接过话说："这人啊，有时候真的不能太放纵自己，太放纵会付出代价的。老周还那么年轻就去了。"众人一阵唏嘘。

送走叔叔阿姨，我来到母亲身边。还没等我开口，她便说："你以后要少熬夜，早上早点儿起床吃早饭。我不在家你也要做饭啊，身体是自己的，你要上点儿心。你也听到了，老周就是当年不听劝，总是任性妄为，这不，撂下一大家子人，老的老、小的小，他就先走了。"

母亲一边说着她那老同学，一边教导我："小琼，以后记得要早睡早起，养成好习惯。这对你身体健康大有裨益。"

2

上大学的时候，只要早上没课，我们全宿舍人都窝在床上不起来，说好的早起跑步、记单词，全都忘得一干二净。一直撑到肚子连连抗议，胃里有了酸气，大家才不慌不忙地起来刷牙、洗脸，去食堂打饭。

那时候，我以为就我们寝室的女生懒惰，想不到很多男生更恐怖，有的玩起游戏来，一整天都不吃饭，饿了就啃包方便面。实在困得扛不住了，他们才回宿舍，不洗脸不刷牙，倒在床上就睡。那时的我们都很年轻，很健壮，都不知道生命的宝贵。

后来，我的室友有的得了胃病，有的肠道虚弱，有的气虚，有的血亏，一个个年纪轻轻的，身体比七八十岁的老年人还差。那时我也患上了严重的内分泌失调，身体的各种毛病随着时间的推移越来越明显。

最后，为了挽救自己的健康，我们制订了计划，集体早起，按时吃饭，坚决在晚上十一点前关掉手机、电脑，上床睡觉。这样坚持了半年，我的身体状况才得到好转。

我真正开始懂得养生、养成好习惯，是在大学毕业之后。

毕业后，我有幸进入业内有名的公司工作。周围的同事都非常优秀，而与特别优秀的人在一起我总免不了自惭形秽。

我的女同事们个个都有着靓丽的身形、光洁的皮肤、干练的做事风格，眼睛里全是积极饱满的热情。而我，一个面黄肌瘦的小丫头，整天跟在她们屁股后头晃荡，只觉得自己丑陋至极。那时候，我内心动荡，下决心要脱胎换骨。

有人说，一个人的改变只需要一个契机，这个契机有时候是一个人的影响，有时候是一件事的左右。在改变之前，你从未觉得自己对不起过往的人生，在改变之后，你才明白从前的自己对自己到底多不负责。

那时候的我，下班后一个人晃荡在公交车里，眼里心里全是对那些优秀同事的欣羡。我也想变成那样闪闪发亮的人，我也想积极面对人生，我也要努力改变。

我们每个人不妨想想：每天晚睡，是真的工作加班做不完，必须熬夜才可以吗？每天赖床，是真的前一天太辛苦，工作太累，只想再多睡几分钟吗？每天不吃早餐，是真的没时间，必须赶公交、挤地铁到公司上班吗？

都不是。

你晚睡，只是因为放不下手机，刷不完微博，聊不完微信，根本不是在看书学习或加班工作；你赖床，也只是不愿意面对新的一天，不愿让自己学习，根本不是因为太累；你不吃早餐，是因为花了太多时间偷睡，导致时间严重不足，来不及好好吃饭，就赶着去公司了。

坏习惯是会累积的，长此以往，你会活得昏庸忙碌，最终拖垮你的整个人生。

<u>3</u>

想要拥有积极、正确、健康的人生，首先就要下定决心改掉陋习。

科技的进步是为了造福人类，如果对一些科技产物，如电脑游戏软件、手机聊天软件等一味地沉迷，就会耽误时间，影响正常的工作、生活、学习。

为此，你不妨这样做：早晨，跟着闹铃起床，洗漱完毕记得吃早餐；晚上，晚饭后在居住地附近散散步，然后回家读读自己喜欢的书，或者听听喜欢的音乐，十点准时睡觉，躺下后不要再触摸手机。

事实上，学习和自我修养是最天道酬勤的事。永远不要只想、不行动，只看、不思考，只尝试、不坚持，只放纵自我、不身体力行。

你不是学不好、做不到，你只是懒惰，懒惰到被坏习惯侵蚀，仍然不肯改变。

人生前半段越松弛，后半段就会越痛苦。

一个人生存的意义，并不是苟且于尘世，而是努力实现自我价值。而这一切的前提是，你要有个好的身体，养成好的习惯。

所以，每个人都应该珍爱自己的身体。毕竟，你还年轻，还有很多事情要做。

是时候改掉坏习惯了，也只有改掉了坏习惯，养成好习惯，理想才会离你越来越近，你的人生才会绽放光芒，你的生命才会更有价值。

总有一天你会明白，养成好习惯对你来说多重要。

永远不要随意揣度别人的人生

<u>**1**</u>

一次，我和朋友逛街，走到街拐角，一个女人进入了我们的视野。

她看上去四十来岁，面容憔悴，身材臃肿，廉价的服饰皱作一团，头发草草扎着，眼神茫然，对着过往行人不断送出手里的传单。传单一张又一张送出去，人们却一次又一次摇头摆手，像嫌弃病人般拒绝她。她急了，快步追上一位衣装笔挺的男士。男人想要脱身，用力挡开，身后的人群不断推搡，她就这样毫无防备地摔倒在地。

伴随着满天飞舞的传单，"砰"的一声，无比笨重的身躯倒下了。

人群哗然，有人大笑，有人绕开，自始至终，没有一个人愿意将她扶起。最后，她满脸通红，忍着疼痛，挣扎着慢慢撑起身来。她将将凌乱的头发，拍拍身上的灰尘，踉跄地弯腰捡起那些被肆意践踏的传单。

那一刻，我几乎想要冲上前去扶她一下。朋友看出我的心思，一把拽住我，神情淡漠地说："这女人，年轻时一定不爱吃苦，如今才落到这般田地，不要帮了，事不关己。"于是，我退缩了。

走出去几步，我回过头，依稀看到她右臂有一道长长的伤疤，而她不为所动，只是抱着那沓乱糟糟的传单，继续分发给路人。朋友在旁边打闹，我却莫名失落，不再说话。

几天后，在那条街上，我再一次见到了她。

她朝我走来，左手搂着一个孩童，孩子看上去非常孱弱。她右手拿着厚厚的病历本和一大沓单据，上面密密麻麻爬满了字。她走在人群里，对周遭毫不理会。

那一刻，我忽然什么都懂了。

她与我擦肩而过。我看着她移动的背影，忽上忽下的脚步，一股酸楚涌上心头。我为我曾经的那般猜疑而羞愧，更为我拿不出勇气去相信而后悔。

人总以为眼睛所见一切即为真相。目见贫穷，就以为他年轻时不努力；看过不堪，就认定他曾放纵了自我，妄自揣度，并且深信不疑。

2

朋友跟我说，他干过一件傻事。他说曾经因为几句话，差点儿失去一生的挚友。

上大学时的他们几乎都是来自平凡家庭的孩子，每月拿着为数不多的生活费过活。而朋友寝室有位公子哥，家里有钱，学校的一些项目都参与了投资。可想而知，在那个年代，他有多耀眼。

新学期开始，公子哥买了一部新的苹果手机。那时候苹果手机还是奢侈品，室友们都争先恐后想要体验。看着公子哥被室友围得密不透风，朋友冷不丁说了句："有钱就了不起吗？"

刹那间，空气凝结了。公子哥什么也没说，摔门而出。

那件事后，他们的关系变得非常紧张。

在朋友心目中，公子哥就是一个大手大脚花着家里钱，根本不知人间疾苦的纨绔子弟。

很久以后，他才知道，公子哥虽然家境优渥，但他并不想被贴上"富二代"的标签，不想活在家族的影子里。那年暑假，他没有回家，而是做了两个月家教，拿出挣得的一部分钱，买了个礼物犒赏自己。

朋友说，以前在宿舍，每当睡醒，公子哥总不见了人影，问室友，说是出去了。他总以为那是有钱人的潇洒。而在知道真相后，他深深痛恨自己的偏见。后来，朋友道了歉，他们终于重归于好。

很多时候，人总在知道部分真相后，就急不可耐，以为亲眼见到的即为所得，就轻易断定了事情的始末，全然忘了"管中窥豹，只可见一斑"。

3

之前微博热搜有个话题：女孩子在地铁里蹲着很没教养。

我不知道这事怎么跟教养扯上关系了。我们只是看到女孩蹲在那里，却并不知道她的人生轨迹是怎样的。她有蹲着的理由，或许是累了，或许只是那么一次，恰巧被人看到，就被发到了网上，还要硬生生地扯出教养问题。

有教养的人，应该懂得克制自我情绪，不做妄言之人。未经许可就拍照、肆意评价、揣测别人，难道就是很有教养的行为吗？

曾看过英国的一个真人演绎节目，节目组安排一位工作人员伪装成流浪汉到一家餐厅吃饭，再安排另一位工作人员扮成穿着时尚的女士，同样在这家餐厅吃饭。在餐厅内，流浪汉走到女士面前，恳请在她旁边的空位上坐下来用餐，女士却不同意，并且大声呵斥流浪汉，吸引了全餐厅人的注意。

围观群众一片反感之声，女士言语越发激烈，丝毫不尊重他人地辱骂，说："你这样肮脏的人不配和我坐在一起。"不远处的一位男士看不下去了，他带着一丝愠色走到女士面前，冷静而克制地说："每个人的一生不可能一帆风顺，都会经历人生的灰暗期。现在，这个孩子，也许就处在这样的人生旋涡里，他需要的只是一点儿体谅。"

随后，他带着流浪汉走到自己的餐桌前，给他点了一份午餐。这时，节目组才卸下伪装。男士惊讶而动容，他说自己年轻时，因为叛逆离家流浪，到后来身无分文。那时候，是一位老人救济了自己。老人说："我不知道你经历了什么，但我知道你一定有自己的原因，我相信你一定可以走出来。"正是那样的善举，点燃了他心里的热情。那顿饭，他吃得感激涕零。

4

看《活着》那组照片时，我除了震撼还是震撼。那些镜头之下，底层生活的真面目让人痛心疾首。

"60岁老人，每天卸货300吨，每吨6角钱，只为了活着。"

而评论里，有人肆意说着：

"300吨，6角每吨，一天180元，一个月30天，哇，高薪。"

"谁叫他们年轻时不好好读书，现在老了只能卖苦力，活该！"

"那么多工作，干什么不好，非干这个，这是炒作吧？赚别人同情心！"

......

人言可畏，世态炎凉。

也许他年轻时根本没有条件去改变命运啊。有一种贫穷，代代相传，改变起来要突破固化的阶层，非常之难。如果他努力过，只是实在无能为力了，只能勉强地活着，那又有什么值得非议的呢？他生而为人，努力地活着，至少从没有放弃。

你是否该对生命多一些敬畏，少一些无根无据的指责？

众生皆苦。

年轻人不给老人让座，就是不尊老；不对小孩理解，就是不爱幼。对待一切，都以个人的价值尺度为标准，以世俗的眼光去评判，从来不会真诚地、发自内心地站在别人角度去思考，去听一听、看一看当事人真实的想法，真是可悲可叹！

当我们对着看到的一切妄自揣测时，你是否明白那些揣测根本毫无意义？而你不经意说出来的蜚语流言，有时候甚至会把一个人压死。

人的一生怎样开始，无法选择，但我们能选择如何结束。幸与不幸，永远不需要别人去评价。

不要轻易羡慕别人的人生，即使那个人看起来快乐富足；不要对别人的生活评头论足，即使那个人看起来落魄不堪。

你不知道一个人的过去，就不要轻易评价，这有失公允。虽然这很难，但不是不可以做到。

柴静曾在《看见》中说："真相常流失于涕泪交加中。当我们追寻到全部真相时，其实早就被那般真实震住。每个人都有不可与人言说的苦楚，他只是以一种顽强的生命形态展现在你眼前，这就够了，唯有去理解，宽容，原谅，支持。"

所以，永远不要随意揣度别人的人生。

合租见人品，细节见修养

1

上周六，我去秀秀家小住，见到了秀秀和她的室友。没想到，我用两天时间，就收获了"有个极品室友是种怎样的体验"这个问题的答案。

记得当时，这位室友看到我，并没有跟我打招呼。我坐下后，她没好气地对秀秀说："你朋友打算住几天啊？"这一问，我和秀秀都蒙了。我心道，板凳还没坐热，就问人什么时候走，有这样赶人的吗？

事后，秀秀对我说："我有时候真受不了她，房子又不是她一个人的。之前，我跟她说有朋友要来住，她也同意了。可她当面问出那样的话，我真的不知道说什么好了。"

我打趣道："也许她情商有点儿低。"

秀秀不以为然道："我跟你讲，她不是情商低，她是人品差！"

原以为秀秀这话只是气头上说说而已，后来住了两天，我深信不疑。

那天，我们三人逛超市，这位室友自顾自往前走，我和秀秀在后面跟着。本来秀秀和她住一起，日用品都是共用的，可她买什么从不征求秀秀的意见。买桶食用油更搞笑，我说油还是吃好点儿的吧，她翻着白眼问道："吃便宜的油还能得病？"

从超市出来，我和秀秀两手满满地提着大袋小袋，可这些东西几乎都是秀秀的室友买的，而她却两手空空，事不关己地走在前面。

我当时碍着秀秀的面子，什么也没说，心里却愤愤不平。我心想，自己买的东西，不能自己拎着吗？好歹问问我们提的东西重不重，要不要帮忙呀。

更奇葩的是，这个室友回到家后，还跟秀秀吵着要她平摊调味料的钱。这下秀秀急了，愤怒地说："你买东西时都不问我们一声，算钱时就知道跟人摊了？"

室友没吭声，耷拉着脸把那些大袋小袋搬进厨房。

秀秀怒气未消，对我嘀咕道："有些人你不说她两句，她还真当自己是个公主，全世界的人都得顺着她，伺候她。"

2

说到这位室友，她真是劣迹斑斑。她在家做饭，能把厨房搞得跟火灾现场一样，锅不刷，筷子不洗，蔬菜包装袋丢得到处都是，从不收拾。

另外，她"双标"严重。嫌弃别人买的炸鸡放着气味难闻，自己拆了一袋辣条，没吃完却那么搁着；抱怨浴室地板上有头发，很脏，可她自己洗完澡从不收拾；轮到她倒垃圾时，她就不行了，一会儿头痛，一会儿生理期来了，一会儿有重要的事不方便；和秀秀一起做饭吃，自己想吃什么就做什么，从不问秀秀爱不爱吃。

秀秀对我说，有一次，她们差点儿吵起来。当初她一个人租下了这座房子，现在室友用的被子等生活用品都是她买的，没让她出过一分钱。可室友倒好，买瓶洗衣液，还要跟秀秀五五分账，还继续用她的被子，蹭她的饭。

讲道理，这真不是钱不钱的事，而是一个人做人的问题。

如果什么都斤斤计较，自私自利，再熟的人都会让人觉得很讨厌吧！

人家又不欠你什么，凭什么处处要让着你？不跟你计较不代表不介意，只是留点儿面子，成年人自觉点儿不好吗？

我愤愤地问秀秀："为什么你还和她住一起？"

秀秀叹口气，说："之前没深交，根本不知道她人品这么差。我现在只希望她能搬走，这房子不要她租金了。当初看她失恋没地方住，又是老同学，一个人不容易，就叫她来我这边住了。可我现在真对她厌烦了，一点儿情谊都没了。"

秀秀说得很决绝。也是，人与人的感情就是这般脆弱，一个人要建立对另一个人的信任和喜欢很难，但摧毁就容易得多了。

3

一个人漂泊在异地，就会明白出门在外多不容易。这时，他会渴望遇到一个推心置腹的朋友，在他遇到困难的时候，能够真心实意地帮他；在他失意郁闷的时候，能够宽语安慰；

在他取得成绩沾沾自喜的时候，能够及时提醒他"胜不骄"。

然而，这样的人在现实生活中可遇不可求。所以，对于生活中帮助过我们的人，我们更要懂得感恩。因为在这个世界上，除了家人以外，没有人有义务对你负责，哪怕你活得再不堪，也不是他们造成的。

谁都不希望自己遇到困难时，朋友却袖手旁观。但有时候，也许只是一句话，就能让你的朋友在心里把你"拉黑"了。

如果明知道有些话会让人难受，还要说出口，那他不是情商低，不是没过脑子，也不是坦白直率，而是他根本不在乎你，不在乎你会受到伤害，也不在乎你们的友谊。那他的人品也就不言自明了。

能够握紧的就别松手，能够拥抱的就别拒绝，能够留下的都是真心。

没有什么情谊可以天长地久，珍惜那些挂念你、包容你、照顾你的人吧！因为很可能以后你再也遇不到这样的人了。

你何必补上那一句多余且伤人的话

1

大学毕业后，我离开家乡，只身去了北京。

杨子是我在网上找合租时认识的姑娘。由于我俩供职的单位在一个商圈，正好又都是单身，一来二去，我们就凑到了一起。

几乎是第一时间，我整理好杂物，搬去新家，在这个偌大的城市终于有了栖身之处。本以为工作、生活，一切都圆满了，可不曾想，总会有让人心烦的事情发生。

曾经对电视剧里狗血的桥段，我总是嗤之以鼻，可后来才明白，真实的生活里它们太常见了。

合租伊始，杨子就表现得大大咧咧的，让我觉得这姑娘特别率真可爱。随着时间推移，我却不禁怀疑起这些所谓的

"率真"了。

我听某女艺人的歌，她会说："哎，你怎么听她的歌啊？唱得马马虎虎不说，身体肯定也不好，那么瘦，营养不良的。"

我在家做饭，她会说："西红柿怎么能炒着吃呢？多酸啊。凉拌才好吃，营养成分还不会流失。"

我在淘宝上购物，她会说："你收藏的店铺也太低端了吧，奇装异服的。我给你看我的，衣服特好，不买马上就下架了呢！"

我抱着平板看电视剧，她会说："最烦女主角在男人面前装可怜的样子了，恶心。你少看点儿这些脑残剧吧，我超讨厌这种烂大街的剧情，一点儿新意也没有。"

……

很长一段时间里，我都把杨子张嘴就批评的行为当成单纯与直率。后来我才明白，她这压根不是单纯，是情商堪忧。

生活中，纵然每个人对同一事物可与他人有不同看法，但也没必要过分强调自我，显得自己是高明的，别人就很愚蠢。所谓"言者无心，听者有意"，只要是个正常人，对于别人当面的异议，他不可能没有想法。

与人在一起，若对方未询问你的意见或看法，你就不应过分强调主观意识，和盘托出内心想法。有些时候，对方或许从未想了解你的看法，你又何必补上那些多余且伤人的话呢？所谓"言多必失"，把自身的好恶强加到别人身上，只会白白引得别人反感。

2

杨子让我想起一位朋友。

初次相识，他看起来是个沉稳内敛的人，话不多，也不喜欢抢话。我一直觉得，能沉得住气的人，应该有点儿能耐。可是，某次集体活动中，他完全颠覆了此前我对他的良好印象。

记得那是好友间的一次烹饪赛，限时两小时，大家挨个儿在群里晒照片。原本是一次友情赛，却不想，他在热闹的晒图过后，冷不丁来了一句："一看你们就是第一次做菜，那哪能好吃啊！"

此话一出，不仅一棒子打死一票人，也令群里的气氛降到了冰点。后来，他说他是在开玩笑，旋即搬出了自己的理论——我打击你是为了让你更努力呀；我不赞同你是为了让你更好地证明自己；我之所以这样说是为了你好啊……

至此，我才意识到，他就是我们常说的具有"负面人格"的人。这种人擅长挖苦、否定他人，以暗讽、打击别人为乐。

玩笑可以开，但要分场合，一不小心说错话，多尴尬啊！换位思考一下，别人也许不需要你这样煞费苦心，去做一些所谓的"为他好"的举动。

3

表妹于2016年大学毕业，进了一家外企工作。前不久，她找我聊天，说起一个工作能力很强但喜欢嘴上占上风的同事，她对她既生气又无奈。

表妹喜欢雨水，这个同事得知后，说："你喜欢下雨啊，哪天下雨出去淋淋呗！"

表妹做个指甲，这个同事看了，说："两元店买的指甲油自己涂的吧？"

表妹做个护理，这个同事瞧见，说："少去点儿街边美容院，小心烂脸。"

听了这些阴阳怪气、没头没脑的话，表妹十分不悦地说："你这是什么逻辑，为什么总说这些多余又伤人的话呢？"同事语塞。

我问表妹："她这是在针对你吗？"

表妹摇头说："办公室的人几乎都被她说过。"

生活中不乏这样的人。他们见不得人好，喜欢冷嘲热讽，落井下石。很多时候，他们的言论根本毫无依据，却依然不妨碍他们到处夹枪带棒，含沙射影，以言语伤害别人。

4

蔡康永曾在《说话之道》里写道："你说什么样的话，就是什么样的人。"

所以，一个人说话做事，应经过大脑，充分考虑对方感受，三思而后行，切不可做一个莽撞的人。

人作为社会化的群居动物，个体不可能一直脱离群体生存，有接触，必有交流。一个人成熟的标志是尽量做到不给人添麻烦，而做到这一点，得从说话不给人添堵开始。

说睿智的话，做聪明的事，是我们立足于世的根本。

其实说好话，并不难，无非是以下几点：

否定之前，请先学会肯定。

你可以不赞同一个人的看法，但在提出自己的意见前，先肯定对方的一部分，再委婉地提出你的观点。舍弃反射性说"不"的习惯，学会与人沟通。

不过分强调个人的主观感受。

一场对话，也许你能占到上风，赢得胜利，却可能因此输了感情。看破不说破，我们不说，不代表心里不知道。有些话在说之前要多从对方的立场考虑。所谓情商高，就是会说话。

向人请教的时候，要懂得示弱。

示弱不代表软弱，而是一种谦虚的态度，也是对别人的礼貌。特别是有求于人时，就应该把自己的姿态放低一些，这样容易博得别人的同情，对方才可能愿意帮忙。自然，你也能如愿以偿。

每个人都有说话的权利，但要说得有条不紊，明智又恰当，却不是人人都能做到。凡事留个余地，有时退让才能保全自己。

　　言多必失。说该说的话，做该做的事。"饭吃七分饱，话说三分好"，那些多余的话，不如烂在肚里，别说出口。

你是什么样，你的孩子就是什么样

1

时常在公共场合看到一些不爱护环境的小孩。他们践踏草地，随意大小便，将手中的糖果纸随手抛下。他们的父母不仅无动于衷，甚至陪在孩子身边，同样横穿草地，乱扔垃圾。

人多的餐厅里总有小孩穿梭在桌椅间，影响他人进餐，还会因为自己不小心跌倒，大哭大闹。父母闻声赶来，大声斥责无辜的服务员，张牙舞爪地要求经理出面，在获得消费全免外加满额优惠之类的"补偿"后，才心满意足剔着牙，带着孩子离开，只剩下用过的餐桌一片狼藉。

每每看到这些，我都会想，这样的孩子长大后会是什么样？他会有怎样的脾性，又做着什么样的事？无论什么样，结果应该都不会太好。

父母对子女人格的塑造有着无与伦比、至关重要的作用。

其实大部分时候，我们谈论"父母与子女"，实则谈论的是家庭教育。

家庭教育，是指家长对孩子进行的全部教育和影响，不管是直接的还是间接的，有意的或者无意的，都包括在内。

有人说，家庭是孩子的第一所学校，家长是孩子的第一任老师。从孩子呱呱坠地，到蹒跚学步，再到日渐成长，在这个过程中，父母的言传身教对孩子一生的影响是巨大的。研究显示，一个人人格的形成多与幼年时期的成长经历息息相关。所以，作为父母，有责任把好这一关。

教育家苏霍姆林斯基曾说："每个瞬间，你看到孩子就看到了自己，你教育孩子，同样就是在教育自己，并以此检验自我的人格。"

家庭教育是每时每刻都在发生的。刚来到这个世界的孩子对世界的见解绝大多数时候是从父母身上习得的。他会看父母如何与人交谈、处理事情；会注意父母有怎样的生活习惯，是整洁干净，还是邋遢、散漫；会观察父母与亲朋好友间的言谈举止；会思考他有着怎样的父亲、怎样的母亲……这些生活碎片看似稀松平常，对孩子却有着潜移默化的影响。

如果父亲时常脾气暴躁，对母亲呼来喝去，母亲只是默默忍受，长期生活在这样的环境中的孩子，可能会往两个极端发展，要么和父亲一样暴躁凶狠，要么如母亲一般逆来顺受。而不管怎样，孩子从父母身上吸收到的正面的、积极的能量太少，终将更加苦涩地成长。若后来没有得到积极的影响，他的后代也很可能继承他性格中的某些缺陷。

难怪有人说，家长是过去的孩子，孩子是未来的家长。

<u>2</u>

日本作家伊坂幸太郎说："一想到为人父母居然不用经过考试，就觉得真是太可怕了。"从侧面折射出父母对孩子的影响有多大。

很多涉世未深、心智不够成熟、脾性不佳、习惯不好的女生，因为年纪到了，就随便找个人嫁了。自己还没弄明白人生、自我等诸多问题，也从未思考过如何当好父母，就匆匆生下孩子，以为保证他们衣食无忧就够了，却忽略了对孩子进行外在审美、内在修养、思想品格等诸多方面的教育和培养。

他们或许从未与孩子进行心灵层面的对话，譬如从孩子的日常生活细节里发现他的天赋和兴趣爱好；也从未正面引导他们追求自我，做自己想做的事；他们甚至不会关心孩子是否快乐，是否喜欢他眼中的这个还算新鲜的世界。

他们只是完成了生育环节最低级的层面——把孩子生下来，有的甚至无法保证孩子的物质基础。见过很多因父母嗜赌成性而忍饥挨饿的孩子，也见过因家庭破落只能辍学打工的孩子，还见过一出生就没有父亲或母亲，极度缺爱的孩子，他们的成长缺乏来自父母和家庭的正确教育，终于在长大后有了不同程度的性格缺陷。

豆瓣上有个小组名叫"父母皆祸害"，知乎用户对此解说："这个世界有很多愚昧、贪婪的人，歹毒、心胸狭窄、多疑丑陋的人，好高骛远的人，胆小怕事的人，暴躁鲁莽、仗势欺人的人……难道这些人做了伟大的父母，劣性和缺陷一夜之间就消失了吗？不，不仅不会消失，反而会在自己的孩子面前最真实地展现。"

他们一点一点地伤害着孩子，传递着种种恶劣品质而不自知，十分可悲。

<u>3</u>

　　称职的父母应该是什么样的呢？朋友的姐姐就是一个很好的例子。

　　朋友时常说起自己的姐姐，说她是一位平凡而伟大的母亲。她事业有成，兼顾家庭，关心孩子。即使工作再忙，她也会抽出时间陪孩子去郊游、探险，感受自然。

　　她保护孩子的灵性，挖掘孩子的天赋，让孩子随着自己的喜好发展。比如说孩子对色彩着迷，她会问他喜欢国画还是水彩。她也会与他讨论低碳环保、雾霾防治等问题，让孩子从小就明白保护环境的重要性。

　　她深入地了解孩子的内心，教他为人谦逊，督促他每日背诵名言警句，教导他尊重自然、爱惜粮食。她以身作则，和孩子一同学习、成长。孩子喜欢英语，她便用自己为数不多的时间学习英语，力争能做到与孩子用英语对谈。

　　她把积极、健康、充盈的能量注入孩子体内。当孩子遇到挫折时，她不急着帮他摆平，只是让他自己思考为什么会这样，该如何解决，鼓励孩子靠自己跨过人生的沟壑。

她说，一个人并不是成为父母，就能够如释重负地交出人生的答卷。作为父母，最重要的是和子女一同成长，教育、培养孩子的同时，也能从孩子身上找到自己的不足，并及时修正。

父母是孩子的第一任老师，孩子是父母的一面明镜。

其实说到底，"家长行为"是"社会行为"的一部分，小小的家庭就是社会的缩影。如果希望孩子懂礼貌，自己就得以礼待人，不闯红灯，不随意乱扔垃圾，接受别人帮助时记得说声谢谢；如果希望孩子有担当，自己就得承担起责任，在他面前树立起有责任感的、值得信任的形象；如果希望孩子孝顺父母，自己就得孝顺长辈，诚意待人。

以身作则，言传身教，你的现在，就是你的孩子的未来。

人生路漫漫，为人父母，道阻且长，不如先提升自己，再去做父母吧！

亲爱的，真的别再熬夜了

1

有一次，我回了趟老家，回家第二天就被妈妈拖到了药馆。

接诊的是一位老中医，他穿着大白褂，背挺得笔直，面色红润，神气十足，看上去非常健康；而当时的我，眼圈乌黑，面色蜡黄，仿佛五脏六腑都受到了极大损害。

我忽然就不自信了。一个二十多岁的女孩本该有她的生气与活力，而此刻，年龄大我几圈的老中医却比我神采奕奕。

他用力掐着我的脉搏，半晌，眼神像闪电般直直穿过我："姑娘，没少熬夜吧？"我点点头，说最近身体不适。

"内分泌紊乱，气血不足。我先给你开几服中药。"说这话的时候，他没抬头，提着笔在我的病历本上龙飞凤舞起来。

看病，付款，抓药，我苦笑着看向身旁的妈妈："没挣几个钱，倒先把身体赔进去了，真的好失败啊。"妈妈安慰地拍拍我的肩膀，叮嘱我以后别睡得那么晚。

2

想起以前的一位同事，川妹子阿四，性格大大咧咧的，人也很热情。只不过，自打她上班以来，逢着放假，大大小小的医院就没跑断过，饮食也有各种忌口，海鲜几乎不沾，到后来，连河鲜、羊肉、香菇都不能碰了。

我们总打趣说："阿四哪，你这样忌口，人生真的会少很多乐趣啊！"

她特别委屈："我也想啊，可没口福了。都怪我几年前把自己的身体整坏了，落得一身病。"

当我们问起缘由时，阿四惆怅地耷拉着眼皮，失落得像是失去心爱玩具的孩童。

"以前总觉得自己还年轻，可以放肆折腾，经常整夜不睡觉，第二天照常上课，早饭也就不按时吃了。就这样，从刚开始的胃病，到后来整个免疫系统失衡，到最后连体质都发生了变化。现在想调整都很难了……"

阿四说完,办公室里一片沉默。前一秒大家还嘻嘻哈哈,互相打趣,这一秒就不知被谁按下了"暂停"键。橙子不说话了,菲菲也抬了抬眼镜。那一刻,我嚼在嘴里的饼干也失去了味道,变得难以下咽。

想起一句话:你现在所做的一切,无论好坏,生活必当在未来的某日悉数奉还。

3

前段时间,我在微博上看到一个让无数人心有余悸的新闻——28岁的媒体人猝死。新闻里还说,加班、熬夜,从疲劳到癌症只需4步。长时间作息紊乱,致使身体功能异常,是癌症的最大诱因。

从前看到熬夜猝死的新闻时,我都觉得难以置信,仿佛那些离我还很遥远。很久以后我才明白生命有多么脆弱,多么禁不起折腾。且不论天灾人祸,光是疾病就能把一个人活生生拖垮。危险潜伏在身边,如影随形。我亲眼见过一个一

米八的大汉因为疾病变得瘦骨嶙峋，薄如纸片。病来真的如
山倒。

也许你会说，我要挣钱，没办法；要加班，没办法；要过
想要的生活，没办法。可是钱没了可以再挣，工作没了可以
再找，身体差了却得加倍补还，一不小心还可能造成永久性
的伤害。

亦舒在《喜宝》里写道："我要很多很多的爱。如果没有
爱，那么就要很多很多的钱。如果两件都没有，有健康也是
好的。"

年轻的时候，我拼命追求，不惜一切也要为自己挣得一席
之地。可我现在只想要身体健康。我不希望你把自己宝贵的、
无可复制的生命当成筹码，去豪赌，去交换，因为这样的代
价真的太沉重了。

腿摔伤了，才知道要好好走路；胃生病了，才知道要好
好吃饭。为何人们总是这般后知后觉，尚且拥有就有恃无恐，
直到失去才后悔莫及？

对待感情是这样，对待身体也是这样，对待世间一切事都
是这样。

4

小的时候过生日，我吹灭蜡烛，迎来了大家的高声祝福——"身体健康"。那时候的我嘟着嘴巴，心里纳闷，为什么不祝我越来越漂亮呢？身体健康是最俗的祝福了。

殊不知，最俗的反而也是最难得的。

如今长大了，在健康越来越稀缺的年代里，我才恍然大悟：一个人拥有健康，就是最漂亮的姿态了。

我不要你富可敌国，我只想你身体健康。

这就是此刻，我对你最大的祝福。

那么，亲爱的，听我一句劝，别睡得太晚，梦会太短。

早点儿休息，真的别再熬夜了。

姑娘，你没男友不是因为长得丑

1

我有位朋友，典型的"白富美"，毕业后脱离了父母，一个人住。有一次，我去她家做客，一推开门，我差点儿惊掉下巴，只见衣服、鞋子、包包摊满一地，有的还没拆封。厨房更是惨不忍睹，到处是油腻腻的碗碟。我坐在床边，看着她一脸从容地试衣服，忍不住说："虽然这不是你真正的家，但也该打扫一下了。"

她就朝我笑："平时工作忙，有空再弄。你说客厅里那些包包和鞋子吧。哎，我前段时间和男友分手，不开心，去商场买的，买回来就不喜欢了。"

末了，她拉着我的手说："我也不丑啊，为什么老找不到合适的对象呢？"

我瞟了一眼她家客厅："对象找着了要往家里领，看到你这环境他估计会吓跑。所以啦，咱们先把分内事做好。"

后来，我帮她打扫厨房。她虽不乐意，但也在一旁清理杂物。看着她一身靓丽的衣服，婀娜的身材，姣好的皮肤，那都是金钱堆砌起来的美，我突然一点儿也不羡慕了。

你的家就是你生活的模样。

我真的不相信一个连自家都没时间或懒得整理的女人，能够厘清人与人之间、人与事之间的关系，能够遇到一个合适的对象，和他一起好好生活。连自己都懒得打理，又怎么能让在一起的两个人过得舒心？

姑娘，你没男友真的不是因为长得丑，而是你把本该优雅的生活过得太粗糙，因而缺失了那份岁月沉淀出来的气质。

2

小时候，看到橱窗里漂亮高档的服饰时，我总会投以欣羡的目光，觉得拥有它们就能得到无上赞誉。成年之后，每每路过橱窗再去看时，我的心境已经发生了变化。原来，珍贵的物品若是放在一具缺少驾驭它们的气质的肉体上，便只是一堆浮华的堆砌。

有些东西是美的，但并不适合每个人。它们漂亮大方，设计时尚，可问题是，你是否拥有不被物品牵着鼻子走的能耐？是否有一颗强大的心去左右你喜爱的器物？很久以后，我才发现，一个女人气质好不好，不在于穿戴了多少时尚名牌。虽然名牌会让你看上去很贵气，但气质不完全依赖于高档的物品。气质应该是那种置身于人海仍能被一眼记住的由内而外散发出的光芒。

有些人大家只需要看一眼，就都觉得她是个有素质、有教养的人，而有些人尽管穿着得体，雍容华贵，却给人粗鲁、傲慢、没有教养的感觉。为什么呢？

因为真正的气质来自于你充分的自律，来自于你对自己言行、举止、神态、思想的精雕细琢。不是把名牌穿在身上，却过着邋遢腐朽的生活，而是用心对待日常生活的每一个微小细节，充实地过好每一天。

<u>3</u>

很多姑娘问我为何自己没有漂亮女星那么高的颜值，问我如何才能变漂亮，也会感慨为什么现在的男人都喜欢长得好看的女人，为什么自己的父母没有给她大眼睛、高鼻梁、大长腿、白皮肤，等等。

可我想说，女人的美，三分天注定，七分靠自己。在我的认知里，美女不都是天生的，很多女人都在你看不见的地方削尖脑袋与岁月抗争。几乎所有的她们，不管是贫穷还是富足，都会在自己的能力范围内，选择最合适的方式，来尽量让自己看起来美丽动人。

重要的是，她们都发自内心地爱自己。

我见过一个活得很精致的姑娘。她没有人们所谓的世俗标准的美，但她的眼睛不大却有神，她的目光温柔而清澈；她与人交谈时亲切而有分寸，懂得体贴；她不打扮坚决不出门，即便是去楼下接个快递，去超市买管牙膏，她也要先收拾好自己；她爱好纯天然的食物，拒绝诱人的深夜烧烤；她会合理安排时间，实现自我管理，即使工作再繁忙也会细心准备饭菜；她爱看书，尤喜欢读诗词歌赋……她极其庄重地对待生活中的每件小事，实现着自己的小确幸。

她美得不惊艳，却给人一种持续的美感，让人感慨，原来这个姑娘如此有韵味。

4

所以，姑娘，别再感慨自己没有绝世好容颜了。更何况，若是你喜欢的人只看中脸蛋，那他也没什么内涵。"你是什么样的人就会遇见什么人。"那么，你是金子的话，迟早也会遇见同等价值的好钻石。

把生活打理好，对自己有所要求，吃健康的食物，定期做运动，合理购物，保持光洁的皮肤，拥有兴趣和人生目标，然后时不时地静下心来好好审视一下自己：是否保持着一颗善良大方的心；是否做到以礼待人，言语得体；是否推己及人，不给人添麻烦；是否爱惜花草树木、自然环境；是否时时刻刻都在认真生活。

岁月会流逝，容颜会苍老，可你丑陋的原因只有你不爱自己。

每个女孩都会不断成长，每个女人都拥有岁月赋予她的不可替代的美。美丽与年龄无关，关于自我的追求是女人毕生不可松懈的修炼。不妨把眼光放长远点儿，你会发现，找不找男朋友真的不重要，重要的是你要不断变优秀，再去遇见更好更合适的人生伴侣。

比起男友，让自己越发美丽才是正道。

4

* * *

圈子不同，不必强融

一个人想要在社会上立于不败之地，
与其想方设法融入圈子，
不如结合实际提升自我。

圈子不同，不必强融

<u>1</u>

筱筱最近换工作了，从英语翻译转到上市公司的猎头，主要负责公司的海外招聘。

入职那会儿，我随她去了公司。公司坐落在 G 城著名的创意产业园区，环境优雅，基础设施配套齐全。我心道，果然是名不虚传的上市公司，筱筱这下有福了。

一周后，我俩约一起吃饭。我刚在餐厅的椅子上坐定，筱筱就迫不及待地向我倾倒苦水："阿琼，我早就想跟你吐槽了。"

"怎么了，新公司不合心意？"我一边接过服务员递过来的茶壶，一边忙不迭地问她。

"我才刚去公司一周，办公室的一个同事就在大庭广众之下，对我思想教育了好几个小时，说我不合群，太高冷。你说我该怎么办？"筱筱把茶杯推到我面前，一脸无辜地对我说。

"你刚去，可能要适应一下环境。或许别人也没什么恶意，别放在心上，慢慢来吧。"我一边安慰她，一边把她推过来的茶杯斟满。

筱筱接过我给她倒的茶水，抿了一口。趁我招呼服务员点菜的当口，她又掏出手机在屏幕上按来按去。

"你这是忙什么呢，怎么头也不抬？"点完菜，目送服务员离开，我半开玩笑地问。

"整理资料。我最近天天加班，一会儿吃了饭还得去公司。今晚我同事约了芝加哥的猎头，说是跟他在Skype（一款即时通信软件）上对接，领导安排我从旁协助。我们这边是晚上，人家那边是白天，十三个小时时差呢。"筱筱一脸生无可恋。

"工作忙就算了，上司还非逼着我们相亲相爱，说大家都是一起共事的，要同心同德，力争上游。"筱筱继续吐槽。

"同心同德啊……但没必要时时笑脸相迎，挽手一起同甘共苦，生死相依吧？大家又不是小孩，都是成年人了，有各自的生活、朋友、圈子，何必整这些虚伪的？"我愤愤不平道。

"或许是我太耿直了，不招他喜欢。"筱筱耸了耸肩，眼睛望向了窗外。

那一餐饭，我们都吃得特别少，尽顾着说话了。而筱筱更是不住地看手机，生怕错过了什么重要信息，惹得公司那位同事不快。

我不由得想起曾经看过的一句话：同事是每天跟你待在一起最久，却难以亲近的人。

参加工作以来，不管待过多少公司，我对这话都深信不疑。

很多时候，同事之间只是合作关系，因为服务单位的工作需要大家共同努力而聚在了一起。然而，也不得不承认，每个人由于出身不同，成长环境有别，所秉持的价值观也是千差万别。而不同价值观的人处在同一个环境里，如果不能保持彼此的独立性，还有什么创造可言？

所以，即便是在同一个公司里，也不必为了他人口中的"合群"，而轻易放弃自我，人云亦云，精神上依赖他人。

记得朋友橙子说过，价值观不同的人，是无法做朋友的。这话乍听起来有失偏颇，但细细品味也不无道理。

道不同不相为谋，价值观不同的人的确是很难做朋友的，至少在心理层面上彼此无法接受对方。

2

我的一个好朋友灵儿，一年前从房地产公司跳槽到现在的创业公司。公司人不多，但个个优秀。

灵儿那时候刚进入公司，挤破了头想融入圈子。毕竟在一起工作，大家都希望搞好关系。于是，她约同事一起吃饭，为得是尽快熟悉起来，以后有事了，有个照应，毕竟熟人办事方便。

结果却适得其反。她拿人家当朋友，处处谦卑恭敬，人家却无视她。慢慢地，灵儿也不再强颜欢笑着讨好同事了。

一段时间后，当我问起她近况的时候，她笑了："每个人都有各自的生活，不是所有的同事都能做朋友，也不是所有人都能跟你合拍，工作上客客气气就够了。再说，我在公司主要是工作，如果能交到朋友当然好，交不到，也没关系。"

日剧《闪耀的青春》里，女主角为了能找到同伴，即使是面对她一点儿也不喜欢的人，也没完没了地附和，只因不想再重复读书时被孤立而没有朋友的日子。

试问，以这样的方式交的朋友有意义吗？

3

有时候我会想，孤独真的可耻吗？也许比孤独更可耻的是因为害怕孤独而强交朋友吧。都说强扭的瓜不会甜，那么，与其在不熟的热闹里内心孤单，不如在熟悉的孤单里自由自在。

一个人也可以过得风生水起，怡然自得。谁说一个人就等于孤独了，内心丰富的人走到哪里都自带光芒。

一个人想要在这世上立于不败之地，与其想方设法融入圈子，不如结合实际提升自我。

自己强大了，才有谈判的资格；自己有能力了，才能对这个世界现行的某些规则说"不"。

一个内心强大的人，他自有与这纷扰世事抗衡的能力，并且清楚地知道自己想要什么，如何去得到。

　　如果说成功就意味着要与世俗保持点儿距离，那么我相信，真正的勇者不会害怕孤独。他镇定地走入人海，每一步都从容坚定。

　　有时候，与其合所谓的"群"，不如保持适当的冷静和独立。有些天儿你不必聊，有些话你不必说，有些问你不必答，有些人你根本不必理。

　　圈子不同，何必强融？频道不同，不要打扰。

那些关闭朋友圈的人，
后来过得怎么样

1

前段时间，一个朋友把微信朋友圈关闭了。我发现后，打电话问他为什么。

他说，就想让自己轻松点儿，不用变着花样活在朋友圈里，不用再时时刻刻想着那些发出的状态，琢磨着有多少人点赞，多少人评论，更不用看着朋友圈里别人推送的精彩生活而自惭形秽。

听他一口气说完，我很不赞同，这一切的"原罪"，真的只是朋友圈吗？

这几年微信朋友圈太火了，受欢迎程度甚至超过微博。

有人说，你查看他朋友圈的方式，出卖了你对那个人的感情。有些朋友圈不是刷出来随便看的，是你在乎这个人，才会时不时地点开头像看他的相册，从头翻到尾，从尾翻到头，只想知道他最近好不好。

可渐渐地，人们从一开始分享生活到朋友圈，到把它变为展示自己甚至打广告的平台，一切都变味了。当朋友圈充斥着大量虚假养生文章、无意义段子、微商代购产品、转发的福利链接时，它不再纯净。

于是，有人开始逃离，开始自我反省："我真的离不开朋友圈吗？"

2

你一定有过这样的经历吧——

公交、地铁上，抱着手机刷微信朋友圈；吃饭排队时，刷微信朋友圈；甚至睡觉前，也要看看微信朋友圈有没有什么新信息。

可是，你看到的除了一些零散的语言、网络段子，谁谁谁又买了什么、去了哪里，剩下的就是广告、代购，中间夹杂几个坚强的微商。刷完了之后不仅没有太多意义，你的宝贵时间也溜走了。

我有一个关闭朋友圈很久了的朋友。那段时期我从未见她发过一条信息，她只是定期更新朋友圈封面。即便如此，我也并不是不知道她过得怎么样。

她少用甚至摒弃着现代的社交软件，活得真实古朴。她给我写信，给我打电话，给我寄明信片。那些年，我时常在自己狭窄的房间里收到她周游各国的信件，看着那些来自异国的邮戳，我心里好生欣羡。她全然没有因为放弃了朋友圈而魂不守舍，依依不舍。

她把自己的生活，牢牢地握在了自己手里。

我明白，她早已强大到不需要朋友圈去衬托，也不用费尽心机粉饰自己。她不必担心发的内容没有人点赞、评论，更不用理睬那些莫须有的流言蜚语。

她早就不需要靠朋友圈来找存在感了。

3

后来，朋友告诉我，关闭朋友圈后，起初他很不习惯，每次想看手机的时候他就强忍着。长期的克制渐渐成了习惯，他终于摆脱了对朋友圈的依赖，工作、学习更高效了。

因为时间没有被分割，他能更快地看完一本书，迅速地做好读书笔记。他每天睡前都会做日程整理，冥想反思。他再也不会坐在公交车上无所事事地玩手机，也不再下班回家就躺在沙发上什么都不干了。

他更自律了，也活得更真切。

不刷朋友圈并没有切断他与好友的联系，反而使他更积极地参与线下活动，和朋友吃饭、聊天、分享乐事。他与朋友之间的互动由微信里不走心的寒暄，变成了真心诚意的周末聚会。

他说，这城市很大，刚来时，他觉得什么都很新鲜。可渐渐地自己变了，变成一个透明的空壳，整天做着些毫无意义的事情浪费时间，他要找回最初的自己。

我很高兴朋友找到了他最想要的状态。但我并不是说关闭了朋友圈生活一定就会变得多姿多彩，更多的时候，关闭朋友圈只是一种仪式，代表着我们想要改变的决心。

想变得专注，就与手机"断舍离"，想沉浸下来，就克制自己，专心一点儿。

其实这一切又关朋友圈多大事呢？自律这种事完全由你自己掌控。

打开朋友圈，就多分享有意义的事；关闭了，那就用心学习、工作，做你想做的事。

其实当你活得足够充实时，就自然而然地不会再依赖虚拟社交来获得满足感了，这本身就是一种成熟。

愿你不再被朋友圈所累，能够踏踏实实地活在现实里。抬头仰望天空，看公园树枝抽出的嫩芽，体验四季的轮回，聆听周围人的欢笑。事实上，这一切很美好，远比你朋友圈里的内容，动人得多。

活在朋友圈里的假"富美"

1

我从前的室友幼幼跟我说过一件事。

她说自己有次偶然翻朋友圈，看到一个好友发的照片与前几天她发过的一模一样，这让她十分震惊。

那是一张她和朋友聚会去餐厅拍的照片。因为店铺装修深得她心，一向不喜欢拍照发朋友圈的她都拍了好多张。其中一张是她对着桌上的点心拍的，那个好友发的图片正跟这张一样。

我说："会不会是你朋友恰巧也去了那家餐厅，也点了那道甜品呢？"

她摇摇头："算了吧，就算她点了一样的点心，那拍照角度也一样？滤镜难道都用一样的？再说了，照片里出现的阳光散射角度也一样了？世上有这么巧的事？那我今天要不要去买福利彩票啊？”

我被她逗笑了。

她说，自己其实并不是讨厌别人用她朋友圈的照片，如果真喜欢的话，跟她说一声就好。她讨厌的是虚伪，明明没去过，没吃过、喝过，却为了在朋友圈多收几个赞、几条评论，而盗窃别人的经历，这就没意思了。都在一个圈子里，有本事把那几个共同好友屏蔽了啊！自己喜欢的东西变成别人炫耀的资本，心里真的很不舒服。

我满是同情地看了她一眼，想起之前在微博上看过的一件事。

某知名博主在微博上发起了一个话题：家人对你做了哪些事，让你终生难忘？

某个网友的评论获赞无数。评论里有一张照片，是爸爸把孩子的行李箱扛在肩上的背影图。评论文字写道：这是爸爸对我最深沉的爱。

但是慢慢地，评论里出现了不和谐的声音：听说这是个假女儿，这不是她爸。于是再往下翻，看到了该图片中父亲真正的女儿发的评论，这条评论的回复数量远没有假女儿发的那条多。

一时间啼笑皆非。这年头，有些人为了多几个赞，多一点儿关注，连爸爸都可以乱叫了。

2

日本有一档综艺调查了一个在推特上红得发紫的模特——西上真奈美，我看完挺吃惊。

推特上的她每天都神采奕奕，起床就自拍，经常去吃好吃的，感觉她的生活非常充实。于是节目组就用一天时间跟拍她，记录她的生活。在镜头之下大家才发现，她晒在推特上的东西全是假的。

也许人就是这样，在谎言里活久了，真实的世界就只剩虚伪了。

在这个物欲横流、汲汲营营的社会里，在这个真实与虚拟空间互通有无的世界里，有多少人知道真正的生活是什么呢？

我们总在怀念从前质朴、美好的生活，其实我们怀念的是人性的真善美，是那些踏踏实实通过自己的努力得到理想的人生的模样，是即使现在拥有不了想要的一切，也认真打理自己，买合适的衣服，过舒服的日子的踏实感。

就像让我肃然起敬的名媛郑念，在被摧残的日子里，她即便身处监狱，也要用饭黏子和厕纸糊住破烂不堪的墙壁，尽力去改善自己所处的环境。

一个女人真正的贵族气不在于她拥有多少首饰珠宝、名贵服装，真正的贵族气来自内心拒斥平庸的勇气和热情积极的生活态度，这远不是那些庸脂俗粉能比的。

我觉得，心灵美和优雅的气质才应成为一个女人毕生的追求。这些又怎么能是靠处心积虑窃取别人的图片来装饰自己的微信朋友圈，来满足那点儿廉价的虚荣心的人能够比的。

3

记得很早之前，泰国有一个戴口罩的网红，也用社交软件记录自己的生活。她没有朋友，脸上全是痘，没法取下口罩在人群里生活。

直到后来，她做出勇敢的一步，把自己真实的模样放在了她那充满 ps 照片的社交网络上。随之而来的就是极速"掉粉"和网友无情的谩骂、嘲笑。

可那一刻，她觉得如释重负，内心坦荡，因为，她终于敢在真实和虚拟世界里以真面目示人了。她说要好好生活，会积极治疗自己的皮肤，也会更真诚地活着。

是啊，虚拟网络里那些亦真亦假的赞美，怎么能比得上现实世界里的砥砺呢？

愿你活得更真实、更坦荡，愿你的生活不只是停留在朋友圈里的美好，愿你不再费尽心机去博取他人的点赞和评论。

比朋友圈更重要的是你真实生活里的朋友，比点赞更重要的是你在危难关头朋友的真心帮助，比虚假夸赞更重要的是你活得开心自足，无论什么时候都能勇敢面对一切。

如果可以，你不要去做一个朋友圈里的假"富美"，有本事就努力当上真正的"白富美"，让那些质疑你的人统统闭嘴。

什么样的朋友圈最有趣？当你不再需要它为你建立自信的时候，它自然就有趣了。

我有三千好友，可也孤独得像条狗

<u>1</u>

微博收到一个读者私信，她说自己最好的朋友出车祸去世了，她非常难过。我不知道该说什么，有些东西一旦失去，就很难找回来了。

我忽然想起曾在知乎上看过的一个话题：你现在朋友多吗？点赞最多的回答很戳人：我四海为家，朋友八方，可同城约不到饭。

都说出门靠朋友，于是，公司同事成了朋友，参加聚会认识的一面之交成了朋友，在某个活动现场，认识的不认识的人都扫一扫二维码，也成了朋友。手机内存发出警报，一个个号码源源不断加进来，好友列表翻很久才能到底。

突然，我觉得生活很拥挤，那一个个熟的不熟的称谓和名字，都集中在一方巴掌大的屏幕上，被保存、被压缩，美其名曰社交，实际构建起来的人脉关系脆弱不堪。

在你孤独无助，又没有任何利益可以交换的情况下，面对满屏幕的名字，你很可能从头翻到尾，也找不出一个人简单说上几句话。曾经有人感叹，见面打招呼的人越来越多，能够推心置腹的却越来越少。不得不说，微信朋友圈里加的好友越来越多，可每当夜深人静，你忧愁满怀的时候，又有几个人愿听你倾诉呢？

2

有人感叹，再也交不到十几岁时那样的朋友了。那时的你们，两小无猜，放学一起回家，背着书包踩着对方的影子转圈；一起逛街，对路边长得好看的男生大声吹口哨；你们穿同一款衣服，唱同一首歌，看同一场电影，喜欢同一个人。

你们说好要做一辈子的好朋友，一百年不许变。

可后来都食言了。

你们到不同的地方读书学习，在不同的地方工作生活，有了各自的圈子，生命里涌入更多的人，你们也经历了更多的事。当QQ变成微信，诺基亚小绿屏换成大触屏，13位数的电话号码越来越多，高科技设备铺天盖地席卷了人们的生活时，你才发现，你们之间渐行渐远，再也不能无话不谈了。

曾经不相信"时间和距离就像稀盐酸，会腐蚀掉一些东西"，不相信"友情是两条相交直线，交点过后，越来越远"，现在，全信了。

有一天，你翻出毕业照，才惊觉，原来有些人这辈子和你就剩一张合照了。你甚至想不起他们的名字，只好尴尬地翻过照片，才知道，哦，原来他叫这个名儿。

那个总和你嬉闹的女孩，现在嫁人了吗？那个总跟你吵架斗嘴的男孩，现在又在哪里？

再也体会不到十几岁时那样真挚纯粹、没有任何世故的友情了。

从前我们是一群同样的小孩，长大后变成各自迥异的大人。

<u>3</u>

安东尼画过一组漫画，两颗小蛋快乐地生活，他们很要好，做什么都在一起。有一天，两颗小蛋破壳了，她是小鸟，他是鳄鱼。小鸟渴望天空，鳄鱼热爱海洋。他们终于无奈分开。

你看，感情破裂并不一定非要什么理由，可能只是岁月变迁，彼此成长，自然而然就变了。

电影《伴我同行》中有一段台词我记得很深：有些朋友常是一闪而逝，就像路上的行人一样。

龙应台在《亲爱的安德烈》里写道："人生，其实像一条从宽阔的平原走进森林的路。在平原上，同伴可以结伙而行，欢乐地前推后挤、相濡以沫；一旦进入森林，草丛和荆棘挡路，各人专心走各人的路，寻找各人的方向。那推推挤挤的群体情感，那无忧无虑无猜忌的同侪深情，在人的一生中也只有少年期才有。"

离开这段纯洁而明亮的人生阶段，未来的路其实可能越走越压抑。

所以才会有陈奕迅唱的"从前共你，促膝把酒，倾通宵都不够，我有痛快过，你有没有？很多东西今生只可给你，保守直到永久，别人如何明白透"，也确实是"实实在在踏入过我宇宙，即使相处到有个裂口。命运决定了，以后再没法聚头，但说过去，却那么厚"。

4

那天看了篇文章，作者说："我有三千好友，却孤独得像条狗。"

这说的分明就是我们的现状。社交软件的普及，让我们朋友遍天下，到处是熟人。然而，我们很难像以前那般找到思想上、生活里都无比契合的朋友了。

现在所谓的朋友，再也不会简单到只是想和你见个面、吃顿饭，问候你最近好不好了。而那些个老朋友呢，被时间、距离、生活分割得七零八落，都在不同的城市努力过着各自的生活。

能和你不发微信语音而是打电话的朋友还有多少呢？不管刮风下雨你随叫随到的朋友还有几个呢？在你失恋难过感到抑郁时，能陪在你身边安慰打气的朋友还有多少？在你睡不着的每个夜晚，能跟你说一句"我在"的朋友又剩多少？

朋友，我当你一秒朋友。

朋友，我当你一世朋友。

来年陌生的他，恰是昨日最亲的你。

5

想把思念留在风中，又怕风把思念吹散。想起曾和你说好的一切，却发现你已走出我的生活。你投身到柴米油盐，我翻过一座座山峦。你在经营自己的幸福，我单枪匹马奔赴远方。

你给我群发节日祝福，我在朋友圈为你点赞。

我们之间万水千山，隔着巨大鸿沟。

现在，若你还有陪在你身边关心你的好朋友，你要珍惜；有能为你跨越大半个城市来见你的至交，你要感激；有能时常想起你，问候你，打电话告诉你他的近况的旧友，你要知足。

有些人相遇是有命数的，错过了失去了就再也没有了。

"我们见个面，吃个饭，叙个旧吧。"

"好啊，老地方，不见不散，不醉不归。"

这样就够了。

志同道合的，相隔再远也会重聚；三观不同的，硬拴也拴不到一起。

低质量的男友，不如高质量的独处

1

舟舟和我们说起男友的时候，原本灿烂嬉笑的脸上突然闪过一丝忧伤，而后，便是长长的沉默。

她搅着手里浓郁的咖啡，眉眼低垂，嘴角轻抿，本来的好心情随着咖啡好看的弧度，慢慢地沉淀了下去。

半年前，舟舟在朋友聚会上认识了一个男生，他高高瘦瘦的，礼貌而有分寸，整个人看起来很干净舒服，她只看了一眼就忘不了了。之后，舟舟主动约男生吃饭，饭桌上二人一见如故，无话不谈，从工作日常聊到奇闻逸事，从文学艺术聊到天体物理，彼此都有种相见恨晚的感觉。

末了，两人一前一后走出餐厅。男生绅士地帮舟舟拦了辆出租车，送她上车，二人恋恋不舍地告别。

此后，舟舟开始魂不守舍，脑子里全是男生温文尔雅的样子，一有空就给男生发微信。终于熬到了周末，舟舟早早到达约好的咖啡厅，等着男生到来。

大概半小时后，男生不慌不忙地走进咖啡厅，四下望望，朝舟舟坐定的位置快步走了过去。男生坐下后，舟舟喊服务员点了两杯咖啡，两人又东拉西扯聊了起来。舟舟啜饮着咖啡，心头像揣了只兔子一样上下起伏。终于，她鼓起勇气看着男生的眼睛，向他表白了。

当她说出"我喜欢你"的那一刻，男生先是一愣，接着笑出了声。舟舟的心提到了嗓子眼儿，脸比平时红了好几倍，尴尬、困窘随之而来。男生许是看出了舟舟的尴尬，随即换了个话题，建议到外面走走。

灯火辉煌的夜幕下，男生昂首阔步走在前面，舟舟紧紧跟在后面。穿过一条街，男生忽然转身，对舟舟说："其实，我觉得你不错，咱们可以试试。"

后来，舟舟回家挨个儿给我们打电话，激动得又哭又笑，说自己终于找到了男朋友。

就这样，舟舟恋爱了。

2

差不多是恋爱的第二个月，我意外接到了舟舟的电话。电话里，她声音嘶哑，不时咳嗽，称自己感冒了。

我立刻赶了过去。当看到虚弱的舟舟倒在沙发上时，我问她："你家男人呢？"

她看着我，仿佛用尽力气似的说："在公司做项目。没事，我没大病，自己吃药熬过去就好。"于是我给她倒了杯热水，扶她起身。

看着她慢慢喝下热水，我的心竟有些疼。那个她爱得至死不休的男人，在她最需要照顾的时候，连杯热水也无法给予。

舟舟一直在为他找借口。每次我们问起她的男友，她搓着手，眼神闪躲，故作轻松地说他快升职了，公司也计划上市，特别忙。"忙到连给你打个电话的时间都没有吗？"我反问。

而现在，舟舟抚着额头，斜躺在沙发上，气息奄奄。那一刻，我竟对她的这份感情再没有了信心。

也许，女人的直觉总能在不经意间碰触到真相。

3

想起大学好友小哲，一个北方阳光大男孩，他在大学最好的时光里为追一个女孩火力全开，毕业后不顾家里的反对，执意留在女方所在的城市，放弃了父母给他安排的工作。

开始的时候，小哲除了正常上班，晚上还去快餐店兼职。我问他为什么这么拼，他只是凝视我，说想让深爱的人看到希望，想快一点儿在这个城市立足，给她一个家。

那时候，我发觉眼前的男孩真的很高大。

其实回想起来，这一切都有迹可循。记得当时，我们几个人一同在饭馆喝酒，大家都喝得东倒西歪，唯独小哲清醒如常。我们一再劝他多喝几杯，他却强调般地说："我可不想喝多了让我女友担心。"在座的男生都说他尿，他温和地笑着说："不跟你们闹，她可比你们任何人都重要啊。"

除了时时刻刻把女友放在心上，他对其他女孩也很有原则。小哲说，篮球场上给他送水递毛巾的姑娘真不少，追他的姑娘他心里也有数。可朋友归朋友，恋人是恋人，对于喜欢自己的女生，他从不给一点儿希望，因为心里已经有了十二分在意的人。

我们总打趣："你女朋友找了你真的很幸福啊！"

他摇摇头，说自己遇见她才是上天的恩赐。

后来，小哲开了快餐店，由于服务周到，生意越来越好。今年，他们终于由恋人变成夫妻。婚礼上，小哲牵着爱人的手，几度哽咽。他还提起了他对父母多年的愧疚，希望父母再给他们多一点儿时间。两代人泪如雨下。

4

我谈恋爱一直奉行一个准则：若是某一方不爱对方了，就迅速分手，互不拖曳，坚决不做耗费型的恋人。

走过了那么多岁月后，我不由觉得，感情是这世上最没有定数的一件事。从开始的相识、相交、相处，到此后结婚、生子，所有的这一切都是一种磨损，都需要双方不断地坚持、忍耐和维护。

说会陪你却并不在你身边，这不是爱；说想你却并无任何音信，这不是爱；说找你却迟迟不见人影，这不是爱。

一段破碎的感情中，比失恋更可怕的是一个女人的希望被耗尽，此后失去爱一个人的能力。

恋爱中最孤独的状态，是两人在一起，心却不在对方身上，貌合神离地走在人群中。你在红楼，他在西游，那样的恋爱，只是表演。演给全世界看，唯独骗不了自己。你总以为两个人在一起就可以驱散寂寞，可到头来才发现寂寞还是只有自己能排解。

就像电视剧《柔软》里的女医生所说："我们这一生遇见爱，遇见性，都不稀罕，稀罕的是遇见了解。"若不能谈一场走进彼此心灵的恋爱，只是有那么个人在身边陪伴，多少还是无用。毕竟我们最后爱上的，一定是他那份来自灵魂深处的光芒。

成熟的恋人相处会分外轻松，爱，就坦坦荡荡地爱；不爱了，也大大方方地走。若不能全身心投入，就抛开那份低质量的陪伴吧！

这大概就是：若能遇上互相懂得的人，我会好好珍惜，但若他不来，我一个人也真的可以过得很好。

5

后来，舟舟和男友分手了。当谈起前男友时，她早已云淡风轻，说自己不过放下了一个错的人，不如就在这孤独的岁月中修炼，于寂静中吸取养分，积攒能量，有朝一日，必能再次绽放。

我忽然觉得，眼前的她不卑不亢，比之前处处维护男友的样子实在美丽太多。

其实一个人也可以活得很好，可以旅游，可以赏花，可以独自绽放。高质量的独处，是内外兼修。繁忙的生活里，买一束花放在书房，让它兀自开放。或者，精心烹调一份喜爱的食物，慢慢享用。不必时刻盛装打扮，随心所欲就好。

爱，不是生活的全部，只是烟火人间里美艳的锦上花。若有，此生无憾。若没有，不如珍视自我，从爱上自己出发，先把自己变成独一无二精妙绝伦的"锦"。

低质量的男友，不如高质量的独处。独处，也未尝不是一件好事。

说走就走，是要真的走

<u>1</u>

我想你一定有过这样的经历吧——

有一天，有一个人对你说："去旅行吗？"

你开心地回应："好啊好啊，去哪里？什么时候？"

"哎，我只是随便提一下，还没想那么多……"

"这样啊，那你想去哪里？"

"想去的地方很多，大理，丽江，拉萨……"

"那再想想？"

"好啊，想好了跟你说。"

"嗯。"

然后就没有然后了。

这就好像两个久别重逢的人分开时说的一句话："改天一

起吃饭吧！"最开始的时候，听到这样的话，你心头一暖，原来自己也是有人惦记的啊。可到后来，这样的话听多了，你才明白，只是客套话罢了，当不得真。什么"改天啦""下次啦""以后再说"，都是有来无往的列车，开出去就再也回不来了。

其实你心里知道，没有以后，以后不会来。但你还是不放手，硬着头皮，揣着一份期待，"万一有万一，也许有也许，如果变如果"呢？

梦想还是要有的，万一实现了呢？爱情还是会来的，万一等到了呢？

也许他真的只是忙，忙完了就找我吃饭了；也许他真的只是没想好，想好了就跟我一起旅行了。

小时候，你捏一包干脆面，找到里面的刮奖卡，刮到"谢"字还不扔，一定要刮出"谢谢惠顾"才放手。这么多年过去了，你对于很多事情，还是一样的"不到黄河心不死"呢！

长这么大了，你终究还是学不会不对任何事抱有过分的期待，不对不爱自己的人苦苦等待。

所以说，那个提出去旅行的人，在你没想清楚什么时候去之前，就不要随便约我了。毕竟，我是真的"玻璃心"，我会当真的。

不要让我事后好脾气地问你："说好的一起旅行呢？"

也许那时，我们之间的情谊怕也不剩几分了。

2

说来惭愧，我欠了很多旅行债。

当我在朋友圈晒出大理美景的时候，我的一个好朋友评论道："下次一起去旅行啊。"

我答应了她无数遍，去西安看兵马俑，去大连看海鸥，去日本看樱花。理想总是丰满，现实却很骨感，所以很不幸，这些约定无一例外都夭折了。

要么有时间没钱，要么有钱没时间，总有一样不如意。日子慢慢过，我们忙着各自生活，约不到一起。后来，等我有时间有钱了，她又忙毕业论文了。

最近一次通电话，她语气冷漠地说："我挺失望的，你总说要来，却遥遥无期。下次你真的想跟我旅行，拜托订好机票，安排好时间，再和我一起好不好？"

那时候，我嘴里像被塞了一个鸭蛋般，讲不出半句话。

后来看她的朋友圈才知道，大连，她去了，一个人；坐在海边，看海鸥，一个人。

以前，我不明白她的心情。直到我被人爽约，才知道那样的时候有多失落。

"对不起啊，这次不能一起旅行了。"

"没关系，下次约呀。"其实心里话是：什么啊，我满心期待，甚至调整档期，你又不去了。

说什么"没关系"，是有关系，有巨大的关系才对。虽然知道你真的临时有事，我不该强求，但心里的小情绪是怎么也抚不平了。

人总要经历过后，才能真正知道别人当时的感受。别人说那颗糖很甜，你没吃过不知道有多甜；别人说这杯咖啡很苦，你不尝一口不知道要加多少糖和奶。

3

关于旅行，除了爽约，还有更可怕的事。比如旅行伙伴之间，一言不合就撕破脸的不在少数。严重一点儿的话，情侣闹分手，或两口子闹离婚，抑或朋友再也不相往来，也屡见不鲜。

关于旅行，网络上道出了不少"真知灼见"，从最开始的"一场旅行能让你看清一个人"，到后来的"旅行是检验爱情的唯一标准"，再到"两个人合不合适，一起旅行就知道"，以至于还有"结婚之前，你要做两件事——旅行和同居"，我都举双手赞同。

同居能让你看到对方的短处，测试出自己的承受底线。而在旅行轻松的氛围里，你能感受到他最真实的对人对事的看法。

比如，对于旅行中的一些选择，就能体现出你俩价值观是否合拍：住的方面，有可能你爱住民宿，他觉得星级酒店才放心；还有吃东西，你爱地方小吃，他坚持要去百度排名前三的酒楼；再就是去哪里玩，你不走大众路线，喜欢狭窄小巷里的柳暗花明，他说太危险了，万一出事怎么办……你大胆尝试，他小心翼翼，反正你俩干什么都不搭，旅行中备受煎熬，那就很尴尬了。

原本开开心心去旅行，怎么变成如今这副模样啦？

你很郁闷，心里不舒服。你感到纳闷，好像原来你们在一起时，也没发现双方意见如此不统一啊。出来旅行一趟，身边的他变得面目全非。你不禁怀疑，眼前这个人真的是你爱得死去活来的那个他吗？

其实他还是他，只是更立体真实了。因为剥开"爱情"这张糖果纸，包裹在里面的糖才是你们真实的模样啊。是酸是甜，尝一下就"原形毕露"了。

所以，旅行重要吗？无比重要。再没有比旅行更好的检验两个人的方法了。

4

说起来，我有一次十分不堪的旅行经历。人生第一次，我与好友彼此"拉黑"，因为一趟旅行。

倒不是谁放了鸽子，而是我突然被告知："哎呀，我姐姐和她男朋友也想去，正好时间一致，我们一起吧？"

"什么？姐姐？男朋友？"当时，距离出发还有两天，我一脸震惊。

第一，我是跟你旅行，你姐姐我不熟的，到时候你要照顾姐姐，又要跟我说话，忙得过来吗？第二，你姐姐都有男朋友了，为什么要跟我们一起啊？！天哪，我还要被迫当个巨型"电灯泡"！

而朋友好像并不是来征求我意见的，她说人家票都买好了，他们玩他们的，我们玩我们的。好吧，我还真就相信了这句"他们玩他们的"。

年纪小没办法，很傻很天真。

　　结果可想而知，她、她姐和她姐的男朋友都是一个地方的人，家乡话说得热火朝天，我不仅插不上，还一句都听不懂，只好一路当个哑巴，可愁死我了。

　　当然这不算什么，最要命的还是口味不一致。吃了一天，全是大馆子菜，可我喜欢的是地道小吃。

　　而本来说好各玩各的，朋友来了一句："她是我姐，我总不能不管她吧。我爸都知道我们一起过来玩的。"

　　是啊，你不能不管她，只能不管我。

　　那时候，我一个人走在后面，看着他们仨有说有笑，我心里想啊，为什么要委屈自己，跟不合适的人一起旅行啊？所以索性"你们玩你们的，我玩我的就好"。就这样，这趟旅行生生变成"一个人的旅行"。

　　旅行不就是从自己呆腻的地方跑到别人呆腻的地方去吗？玩得开心最重要，既然在一起不合适，就趁早分手，各玩各的。毕竟我不能在面对那么多美景的时候，还一脸愁容，太对不起老天了。

　　然后我们就分别在各自的朋友圈更新消息。同样的场景，我一个人，他们三个人。我也笑，她也笑，只是我们没有一起笑。

朋友圈共同的好友看到了问："咦！××也在你那边，好巧啊！"我说是啊，我跟她一起来的。

"不是吧，看不出你们一起旅行啊！"

"我们分开旅行了。"

一起来旅行，最后变成各自玩耍，很无语吧。

回程的路上，我们一句话也没说，抱着各自的纪念品坐了好几个小时火车，仿佛彼此是陌生人，尴尬到快要窒息。

如果那时有人问我们认不认识，我会毫不犹豫地说："不认识。"

那之后，我拉黑了她，而她的朋友圈也终于对我变成一条线。

5

也许你会说，因为旅行，好好的朋友从此互不联系，好好的恋人也闹成了最熟悉的陌生人，怪可惜的，当初没一起旅行就好了。

可惜吗？我不觉得。毕竟这一生，每个人都只能陪你走一段，总会有人离去。只是有的人早早地走了，有的人留得久一点儿而已。如果那个朋友或是恋人，是因为旅行跟你分道扬镳的，那也不能怪旅行本身。

旅行只是导火索，本质上是因为，我们深层次的矛盾在旅行的过程中显现出来了。就像恋爱开始时，彼此总发现不了对方的问题，住在一起，相处久了，毛病就变多了。其实不是他变了，而是他的生活习惯慢慢地暴露出来了。所以才会有"人生若只如初见，何事秋风悲画扇""距离产生美"这样的感慨吧！

若想要维持下去，要么忍，要么狠。忍就是彼此退让，达成共识，最大限度地包容对方。狠就是玩不下去了，及时分道扬镳。

都说情侣确定结婚前一定要一起旅行一次。这个观点最早源于钱钟书《围城》里赵辛楣说的话。她说："结婚以后的蜜月旅行是次序颠倒的，应该先共同旅行一个月，一个月舟车仆仆以后，双方还没有彼此看破，彼此厌恶，还没有吵嘴翻脸，还要维持原来的婚约，这种夫妇保证不会离婚。"

会不会离婚，我不知道，只是感觉，换作友情也很契合。

日语里有个词叫"成田分手"，说的是很多新婚夫妇蜜月旅行回来,直接在成田机场就分手了。所以,一场旅行,可以看到太多问题,不要随便约我去旅行,搞不好会一拍两散的。而当你真的决定要和我去旅行了,就火速买好机票,订好酒店,我们一起制订详尽周密的旅行计划吧!

　　说走就走,是要真的走。

你永远不知道
这世上有人多孤独地活着

1

前不久，我去看了电影《嫌疑人X的献身》。

这是一部翻拍和改编自日本小说家东野圭吾同名小说的电影。记得两年前，我第一次在书店瞥见东野圭吾的《白夜行》，就被书里描绘的世界，被书中主角雪穗和亮司爱到畸形的复杂感情震动了。

而这部《嫌疑人X的献身》，比《白夜行》更让我震撼。

很多人说，看完东野圭吾的作品，会一个星期都缓不过来。书中的大量心理描述，总让人觉得似曾相识。那些幽深曲折、百转千回的故事情节，也让人连连惊叹。

影片中这个孤独的人叫石泓。他是一个中学数学老师，一生热爱的似乎只有数学，在日复一日的演算和推理里孤独地活着。单身，大龄，独居……我说不清他身上有多少标签。他与其他任课老师没有交流，上课时学生也不愿意听，俨然他任教的是一所三流学校。

每天与人交谈，他开口说的话就两句："招牌套餐。谢谢。"而那个与他交谈的人就是陈婧，片中女主角，欣欣小吃的收银员。

石泓每天早晨都会到陈婧店里买一份便当，就用这短短几秒时间与她靠近。他很自卑，甚至不敢与她对视。

如果不是那起凶杀案，石泓根本没有接近陈婧的理由。

陈婧的前夫傅坚深夜造访，和母女俩起了冲突。慌忙间，陈婧防卫过当，失手用电线勒死了前夫。当时陈婧家一切动静——打闹、哭喊、辱骂……都被隔壁的石泓听得一清二楚。

他们是邻居，隔着墙壁就能听到对面声响的邻居。

他敲她的门，陈婧理理稍显凌乱的发梢，不自觉地拍拍衣服，按捺住惊魂未定的心，慢慢打开门，故作镇静地对石泓说："没事，我在打蟑螂。"说完迅速关上了门。

隔了一会儿，又是一阵门铃声。"蟑螂死了吗？"石弘问。

陈婧略显木讷地点头，说死了。她正欲关上房门，却被石泓拦下。"单凭你们的力量是无法处理后事的。"石泓说。

陈婧大惊失色，还没开口，石泓就说："我在这里住了几年，从没见过蟑螂。"

警察隔日在河堤发现一具被毁掉容貌、牙齿和指纹的尸体，警方无法辨明身份。

如果没有物理学家唐川教授对陈婧说的话，或许陈婧一辈子都不知道石泓到底为她做了什么。为了让陈婧母女逃脱罪责，石泓杀死了一个不相干的无辜的人，毁掉他的容貌、指纹，让警方误以为死者就是傅坚，从而使警方即使找到尸体，杀人证据也是指向自己。

看到最后的真相时，我的心里涌动着悲哀，内心沉重得无以复加。

一个人为何能为一个没有血缘关系的人做到如此极端的地步，不惜杀死一个无辜的人来保护她？

2

后来，石泓戴着手铐，回忆了自己的人生。他一直孤独地活着。一度被困在孤独世界里找不到出口，看不到希望的他，终于在一天清晨，想要结束自己毫无生气的一生。他选择让自己带着那份孤独死亡。

已经把脖子挂在那条解脱的绳子上的他，闭上眼睛，与这个世界作别，却被一阵门铃声惊扰。

他打开房门，看到陈婧母女。她微笑着对他说："我是新搬来的邻居。"然后让女儿喊叔叔。两个人对着心如死灰的石泓微笑，就像一束光一样投到了他灰暗的人生中，给了他想要继续活着的希望。

你一定没有体会过那种绝望吧，没有一个人关心你过得好不好，没有一天是有任何新鲜感地活着，没有一个人可以听你的心声，陪你说说心里话。

你总是一个人走路、吃饭、睡觉，看着这个世界不发一言，沉闷地工作，没有交流地活着。

孤独会把人压垮吗？会。

有人说这是最深沉的爱。不，这不是爱，这是信仰！

石泓把她们当成他活下去的信仰。如果没有她们，他早已死去，早已离开了这个让他没有任何留恋的世界。所以才有了最后内心的独白：这不是顶罪，这是报恩。

有些人仅仅只是好好活着，就足以拯救一些人。

"仅仅只是遇见你，我就有了活下去的勇气，原来这个世界上还有这么好看的人。"

一个人要有多孤独才能说出这样的话？

3

你永远也不知道这世上有人多孤独地活着。

一个人吃饭真的不算什么，多的是孤独地活了几十年的人。

通讯录里没有一个能打得出去的电话，游乐场一次也没去过，一辈子被困在一个地方，无法行走。能说话的朋友也许只有玻璃缸里的金鱼、床边的玩偶和养了一条又一条的狗。

你有体会过那样的孤寂和绝望吗？

一个孤独患者走向医院的天台，他最后给妈妈打了个电话，问："妈妈你爱我吗？"妈妈敷衍地说："傻小子，你又没吃药？"

于是他笑着掐掉了电话，纵身跃下。

这样的事情或许每天都在发生。

这个世界已经很冷了。对那些拼命活着的陌生人稍微好一点儿吧，让他们在黑暗里看到点儿光亮。

给递给你钱的收银员多说一句谢谢；给顺手拉你一把的路人多鞠一个躬；给为节省时间直接跑楼道的外卖小哥说一声感谢；给那些看上去总是一个人的孩子一个温暖的眼神或者拥抱；给路边累了歇脚的清洁阿姨一份尊重，珍惜她的劳动成果；给那些累得倒在地铁座椅上的年轻人一份安静，让他们再好好睡一会儿……

有时候，你不经意的善举，就足以让别人走出黑暗。

我当然知道人心险恶。不是所有的人都值得同情，你要有分辨的能力。如果你问我，这个世界是好人多还是坏人多，我想说，我一直都相信，好人比坏人要多得多。愿你勇敢地坚定地活着，即使周遭一片黑暗。愿你生而为人，不必活得抱歉。

人为什么要善良？因为除了善良，我想不到其他任何一个举动，能够这样轻易地温暖另一个人了。不管世界曾怎样打击你，我希望你还是尽可能地保持善良，莫失莫忘。

　　保持初心，给那些孤独一个出口。一定要活下去，并且，善良地活下去。

5

* * *

按自己的意愿过一生

人生只有一次，
你可以选择你想要的生活，
让每一秒不留遗憾。

为什么年轻女孩也要买很贵的包

1

读大学那会儿，我没钱，想不通为什么那些刚毕业的年轻女孩宁愿背好几万的包去挤地铁、挤公交，也不舍得让自己过得舒适一点儿，比如，把买包的钱用作出行打车，或者租住在离公司近一点儿的地方。

后来发生的一件事令我印象深刻。有一段时间我在校外兼职，下了班，同事们说去附近的一家甜品店聚聚。我看见有个姐姐换下工作服，把一个奢华的包包从银灰色的铁皮储物柜里取出来，怜惜地提到身前。

那时候我对奢侈品的认知基本为零，连Chanel（香奈儿）、LV（路易威登）是什么都不知道。我只是看着那些Logo明晃晃地在甜品店里招摇，衬得小姐姐的笑更加璀璨夺目。于是我暗自记下英文，回到宿舍在电脑上查过后，才知道她背Chanel，穿Burberry（巴宝莉），就连不经意掏出的钱包都是MK（Michael Kors，迈克高仕）。她的工资每月只有5000元，可她那身行头怎么也得几万块钱吧！当时的我怎么也理解不了她的奢侈。

我以前一直以为这是年轻女孩的爱慕虚荣。

2

在广州上班时，我和妈妈逛过一次太古汇。

这里是全广州最豪华的购物场所之一，各种首饰挂件琳琅满目，名贵箱包皮具俯拾皆是。你想要的国内外高端品牌，见过的没见过的，这里应有尽有。

我拉着妈妈东张西望，面对着眼前这个奢华的世界，兴奋得想要喊出来。橱窗中的衣服，华贵精美；灿烂的珠宝，熠熠生辉。虽然也可以购买，但是我并不舍得花那么多钱。所以，我和妈妈只是逛逛，并未真正想要去拥有。

或许是一直以来对奢侈品抱有偏见，我觉得买奢侈品虚伪又不切实际，甚至认为那些拼命省吃俭用也要买个价格昂贵的包包的姑娘不是太笨就是太傻。

可后来我发现我错了，她们不笨也不傻，是我太自以为是了。

我曾错误地以为世界上的大多数人都跟我一样，没有太多的钱却拼命攒钱，为的是有朝一日一掷千金。其实，对于那些有能力消费奢侈品的人来说，买一件奢侈品就跟买一件普通的日用品一样。奢侈品对他们来说只是生活必需品，并没有什么特别之处。

我们跟那些一出生就拥有雄厚资本的人是没法比的。他们生活优渥，见多识广，普通人遥不可及的东西对于他们来说不过是日常生活的一鳞半爪。

而那些拼命努力让自己活得光鲜亮丽的年轻女孩，她们没有原始资本，吃过什么苦你不会知道，走过多少路你无从知晓。她们只是不甘心，只是想要拥有更多，想要靠自己过上那些买奢侈品都是家常便饭的生活。

那个时候，我开始明白，一件奢侈品，一个包，一双鞋，哪怕一支口红对一个女人来说的意义：不只是拥有，更多的是对未来的希冀。

就像在公交车上遇见的背 LV 包包、戴纪梵希项链的女孩，她闭着眼睛忍受逼仄的角落里炎热夏天的潮热空气。她不是不想要更好的生活，她不是不想花更多钱让自己舒心，也许她只是对生活有更多的想法，有更多的追求。

我突然不再觉得她们可笑，真正可笑的是我自己。她们忙着骄傲，忙着投资自己，她们匍匐前进，把伤口隐藏起来，勇敢地去触碰那些耀眼的光芒。

我却以为那仅仅只是爱慕虚荣。

3

有个朋友说过一句话："有生之年，我就要野心勃勃地活下去。"

她是个做外贸的普通姑娘，家境一般，可心比天高，面膜最差用 Sisley（希思黎），常年 SK2（神仙水）整套买，最近刚入手 Lamer（海蓝之谜），即使背不起 LV 也要用 Pinko Love（品高）、Coccinelle（可奇奈尔）这类小众又美好的东西。除此之外，她业余时间全用来提升自我，画画、弹琴一个不落，她把自己打理得非常好，举手投足都优雅得无懈可击。

可你一定想不到，刚毕业那会儿，她还是个用廉价护肤品、不化妆的姑娘。

她一边用Lamer，一边跟我说：

"其实刚开始也会觉得不值，舍不得。可这些东西真是一分钱一分货，上千块的眼霜就是比几十块的接骨木好，几百块的面膜就是甩一二十块的好几条街，至于几万块的包虽然是咬牙买的，可质量真的好得没话说，能和那几十块PU（Polyurethane，聚氨酯材料）质感的东西比吗？不能啊。

"其实对于奢侈品，我这么想，不能因为自己暂时买不起，就一辈子不去了解，不去感受它们的美好。它们的存在就是我们企图心的表现啊，因为想要拥有更多，而逼着自己不断努力，不断拥有底气和资本去把它们买下来。

"本小姐就是要用得起，并且配得上。你要觉得它们跟你无缘，那可能就真的不会去为此奋斗了。一辈子活在社会的底层，用普通牌子，喷廉价香水，穿不完的地摊货，逛不完的菜市场，这可不是我要的人生。

"人啊，一定要敢想，只有敢想才敢做。"

　　别人只看到她的光鲜，却看不到她的努力。她除了本职工作还学翻译，兼职做私人翻译。除此之外，她还和朋友一起做代购。今年她说插画也学得差不多可以自立门户了。她骄傲地在朋友圈里发布经过的城市地标图片和各种代购单子，她自信满满地活着，积极快乐，买想要的包，过想要的生活。

　　她一直奉行着《对不起青春》的台词：人生没有重来，贪婪有何不可？

　　你的人生要自己做主。

4

　　为什么年轻女孩也要买很贵的包？

　　因为你值得拥有。

　　不能因为现在买不起就不努力赚钱买，不能因为它们很贵就放弃对它们的追求。

　　本小姐可贪心了，不光要买贵的包，还要买贵的衣服、鞋子、护肤品，要一身珠光宝气，自信满满、底气十足地行走在人群中，把那些充满质疑的轻蔑眼神，用强大的气场和更好的人生去狠狠撕碎，用无声的行动证明：我自己买的，我配得上！

本小姐就是买得起，就是乐意花，就是显摆张扬不可一世。藏着掖着干什么，趁着正年轻，就是要漂亮自信有光芒。漂亮就要花钱，不花钱如何能留住美丽？

以后啊，就算你背着LV挤公交也要底气十足。今天挤公交不代表一辈子挤公交，总有一天玛莎拉蒂开回家。

凭什么年轻时不能拥有这个世界的美好？凭什么不能大胆承认自己的野心和欲望？

人生的进步在于不满足，野心成就自我。

承认虚荣，承认野心，承认你想要那些嚣张的闪亮。你凭什么不能拥有？你可以拥有，而且一定要拥有。

女人不可以穷

前段时间，我收到一位读者的来信。

她说她跟男朋友处了十年，从一个懵懂青涩的女孩变成了温柔贤惠的母亲。结婚没多久，她就生了小孩，并且辞掉了原有的工作，"自此长裙当垆笑，为君洗手做羹汤"。

开始的一切总是好的。她包下所有杂务，任丈夫在外打拼。可到后来，她的生活除了照顾孩子，就是伺候老人，每天像陀螺般旋转着。那段时间，她时常暗自神伤，偷偷在夜里流泪。

原以为熬个三两年，等孩子大点儿就会好了。可今年，原本体贴的丈夫出轨了。出轨的对象她认识，是丈夫的同事兼下属。

她不想问两人何时开始的，也不想知道是女方纠缠还是丈夫背叛。只是看着眼前八九岁的孩子天真地喊妈妈，她不免心酸，号啕大哭。

后来，丈夫跟她提离婚，给她的理由竟是爱上了别人。她苦笑，心灰意冷。母亲劝她："宁拆十座庙，不毁一桩婚，你倒是再商量商量啊。"

她愤怒，失望，心伤："明明是他背弃誓言出了轨，为何还要我委曲求全，道歉、求原谅，如此卑微？！"

母亲就摇头叹气："离婚了，孩子跟谁？现在你一没工作，二没积蓄，拿什么养娃？"

她一下子坐到了地上，悔当初，千不该，万不该，把后路给断了。

在信的结尾，她问我："我到底该不该挽回婚姻？还是该离婚，重新开始？"

2

信不长，却字字句句敲打人心。读完我百感交集，陷入沉思。

　　我想，现在的她断了财路，从头开始确实会非常艰难，可我不愿告诉她，让她在这样的婚姻里委曲求全。一个不爱自己的人，只会用婚姻的背叛一次次伤害爱他的人。出轨，一次不忠，百次不容。

　　我哀叹她在婚姻中的不幸，又怒其不争。好端端的工作为何放弃，这是自己切断了后路啊！如果当初她不断然决定，是否后来的一切都会截然不同？如果她有钱又独立，或许就不会因为婚姻失败而踌躇，不会因为孩子的抚养问题而焦虑，不会深陷人生的泥沼，这一切真的会不一样。遗憾的是，人生没有如果。

　　所以我回她，放弃这段婚姻，尝试改变。即使痛苦，也别一错再错，去重新开始独立和赚钱吧。

　　女人不可以穷，一定要有钱。这一点，在人生的任何阶段都无比重要，并且，理应如此。

3

　　想起我认识的一个姐姐。当初她嫁为人妇，因出身贫寒，不被婆婆看好，尽管丈夫毫无二心，婆婆却无理取闹，鸡蛋里挑骨头，说她家务不做、孩子不带，甚至挑剔她的餐桌礼仪。

她每天委屈落泪。丈夫夹在两个女人中间，左右为难。婆婆老是怪罪儿子娶了媳妇忘了娘，时间一久，丈夫也不再安慰她了。婚姻里一地鸡毛。

即便如此，她仍未放弃自己的工作。她是政府的合同工，其实就是干杂事的临时工。每天下班回家还要应付刁钻的婆婆，日子打仗一样过。

朋友都劝她："你家老公开公司不差钱，不如辞职回家，跟婆婆搞好关系，女人何必这么操劳？"

她不听，因她深知婆婆挑剔的根源就是嫌弃她的贫寒，若此时再辞去工作，把一切寄托到夫家，岂不是自掘坟墓？

为了争一口气，她默默苦熬。得知部门内部招聘，她也能参加时，她就每天四点起床，在灯下奋笔疾书。

两个月后，她自信满满地去参加考试，结果不出所料地合格了。那天婆婆对她抬了抬眼，终究什么都没说。她第一次觉得自己有了底气。

半年后，她的事业蒸蒸日上，她成为部门核心员工，积累了相当的人脉。当婆婆为孩子的学校愁眉苦脸时，她联系到某个工作上认识的人，解决了孩子的上学问题。那时候，婆婆对她刮目相看，头一次夸她能干。

再到后来，她有了更多可以支配的钱，时常带婆婆出去逛，还有单位提供的一年一次的免费境外游。有时候，她工作忙起来，婆婆竟会主动说："别太累了，家务和孩子交给我吧！"说着就去厨房煲汤。

丈夫一回家，发现婆媳居然可以笑着聊天，眼珠子都快掉了，夜里就问她使了什么法术。她摇头，目光炯炯地说："没有法术，一切都是自己挣来的，钱挣来了，底气就来了，也挣来了婆婆的信任和肯定。"

女人经济的独立从来不是为了做给别人看。很多时候，我们努力挣钱，不过是为了挽回尊严，拥有安全感，在这个复杂的社会挣得一席之地。

"我那么爱钱，不是因为钱有多重要，而是这辈子，我不想因为钱和谁在一起，也不想因为钱而离开谁。"

<u>4</u>

一个女人为什么要独立，要有钱？因为钱是当今社会的通行工具，钱不是万能的，没有钱却万万不能。

从古至今，金钱主要掌握在男人手里，女性由于先天的生理和心理劣势，在职场里甚至人生中并不能实现自我价值的最大化。生儿育女是女性的本能，这也成为其事业乃至生活的瓶颈。

很多人会问我："你愿意放弃工作，当一个全职太太吗？"我会说："不管我有没有结婚，有没有孩子，我都不会放弃想做的事，都不会放弃自己的人生。过去是，现在是，将来也一定是。"

一个女人没有经济收入意味着什么？意味着她的人生会由别人掌控，从而失去主动争取的能力。电影《王牌特工》里，男主角的妈妈在丈夫逝世后，没有工作和经济收入，男主角被迫退学。妈妈为了养他和妹妹，和只想玩弄她的流氓混在一起，备受欺辱。她没有能力，只好任人摆布，被羞辱了还只能赔笑。

失去了独立生存能力的女人就像一株没有根的野草，站不稳，禁不住一阵狂风。

日剧《龙樱》里有句台词也说："要想改变这个世界，首先要成为制定规则的人。"而在《女人一定要有钱》一书中，作者写道："有钱人是规则的制定者，要成为规则的制定者，而不是被他人使唤。"我深以为然。

很多时候，我们赚钱，并不是追求钱本身，而是追求最大化的自由与人生体验。物质基础决定上层建筑，这是亘古不变的真理。

你甚至会发现，一个女人有钱，她举手投足间都会优雅端庄，不慌不忙，因为人生被自己支配。她可以不依靠男人，骄傲地活着，不再为捉襟见肘的生活忧心忡忡。其实，聪明女人寻觅的都是温柔体贴的伴侣，而不是"长期饭票"。

面包我自己挣，你给爱情就好。

有人说，金钱买不来快乐，买不来时间。可我想说，金钱至少能用其他方式使你快乐，省下更多时间让你潇洒。如果都不能，那一定是你花钱的方式不对。

5

一个女人真正的独立是什么？是经济的独立。通过财务自由达到精神自由，这才是女人毕生应该追求的目标。与其拴住男人，把一辈子抵押到婚姻里，不如趁早投资自己，学会赚钱。

因为有了钱，你才能撑起自己漂亮的野心啊！如凯瑟琳·赫本所言："女人啊，如果你可以在金钱和性感之间做出选择，那就选金钱吧。当你年老时，金钱将令你性感。"

在我看来，好的爱情里，双方应该势均力敌。不是"我负责花容月貌，你负责赚钱养家；我享受生活，你负重前行"，而是"你有钱，我有钱，大家都有钱，面包一起挣，幸福一起找"。"嫁给有钱人"和"我就是有钱人"，二者从来都不矛盾。"我既貌美如花，又能挣钱养家"，这才是人生赢家。

所以，女人不可以穷，一定要有钱。别一天到晚哭哭啼啼，哀叹没人要。二十几岁脱什么单啊，赶紧脱贫。

赚钱，才是你现在最应该做的事。

好看的女人都很"贵"

1

前一段时间，朋友圈被一个段子刷了屏——

为了见你，我洗头发，吹发型，擦了CPB（Clé de Peau Beauté，肌肤之钥）的隔离霜、YSL（Yves Saint laurent，圣罗兰）的超模粉底液和纪梵希的散粉，喷了迪奥的香水，涂了明彩笔和YSL的12号唇釉，蜜粉也换成Chanel，外加NARS（美国彩妆品牌）的吉隆坡，还打了pk107（资生堂的一款高光粉）……用了这种"化妆品涂到脖子"的高级礼节，我已经不是我了，我是会呼吸的人民币。而你却带我去游泳。

段子是段子，但也是来源于生活。一个女人要出门，真"不费事"，也就是脸上擦个七八层的粉，再涂个口红，喷点儿香水，为了保持妆容再盖个散粉而已。不过，脸蛋靓了，没有含而不露的真丝裙子怎么行？还得冒着静脉曲张和崴脚的风险，踩在那充满诱惑力的红色高跟鞋上：要好看啊，乖乖。

古往今来，女人为了美，可以不惜一切代价。

说说我这几年的变化吧！

现在回到家，我总能听到朋友说："哎呀，阿琼你真是越来越好看了。"就连我发小大欢都说，她妈老寻思着我上哪儿整了容，非要我带她也整整。

我哭笑不得，尴尬的同时，心里很高兴，因为我确实变好看了。

非得要说变好看的原因嘛，那就是我越来越"贵"了。

女人嘛，比不了硬实力，可以比软的啊。脖子上戴钻石项链，总比挂个塑料壳子显得贵气吧？手上拿个新款铂金包，也甩假皮A货几十条街。所以，我更愿意在能力允许的范围内，选一件好质量的物品，而不是用同样价钱，换得十来件地摊货。不可否认，几千块的衣服就是比几十块的更棒更亲肤，几千块的鞋子也比几十块的合脚显气质。

2

有人说，一个女人，三分靠长相，七分靠打扮。

化妆使你自信，穿高级衣服也从侧面折射出你的"衣品"，好的高跟鞋、优质的皮具、象征身份的首饰，自然能使你流露出贵气。

Coco Chanel（加布里埃·香奈儿）说："你二十岁时拥有一张大自然给你的脸庞，三十岁时生命与岁月会塑造你的面貌，五十岁时你会得到一张你应得的脸。"所以，女人购买这些外在尤物，都是疼爱自己的方式。要知道，岁月是把杀猪刀，当时光不再，我们能留下的就是这些千淘万漉的芬芳。

可以说，气质决定着一个女人的高度。

那女人的气质到底有多重要呢?

一个女人，如果只有美，这种美乏味而空洞，久看生厌。而她若是有了气质，便添了一份灵动，即使容貌不那么完美，也有了超然之美。

好的气质，首先从外表开始，毕竟没有人会透过你邋遢的外表去看美丽的心灵。那么，放弃你身边那些廉价又糟心的赔钱玩意儿吧。想想一个年轻姑娘，皮肤吹弹可破，却穿着大亮片衣裳，戴褪色耳环，用粗糙的脂粉遮住姣好的脸。明明在自己最美的年纪里，却无法享受该有的美丽，整日浸淫在这些毫无美感的甚至丑陋的东西里面，多么可悲啊！

毕竟，皱巴巴的衣服、抽丝的裙摆、暗淡掉色的假项链，怎么看来，都是生活艰辛的模样啊。而她们宁愿花同样的钱买那么多怪东西，也不愿买一件质量尚可、给人舒适感受的好物。

真是太遗憾了。

3

越长大越确信，昂贵的物品买回来是会升值的。因为从你拥有的那刻起，它们就成了你生命里的一部分。那件衣服，陪你度过人生第一个十字路口；那双鞋子，陪你走过每一个成长的片段；那个包包，是你攒了几个月的钱之后终于拿下的，是你的第一个包，也是你第一次觉得自己买得起想要的东西了；那条铂金吊坠，是你奖励给辛苦了一年的自己的礼物……

它们陪着你，度过了无数个奋斗的、快乐的、心酸的、感动的日子，参与了每一个重要的时刻，见证了你越来越好的样子，如同所有保存至今的品牌一样，经典永流传。

常常听到这样的言论：女人真是爱慕虚荣啊，花那么多钱，养不起。有的女人甚至还被扣上了"拜金主义""享乐主义"的罪名。其实只是你不懂她们。

女生在乎的从来不是那一个包包或者首饰的价值，而是男生愿意为她买的心意。很多时候，只是简单的一首歌，一份点心，一个小惊喜，就能让她开心不已。遗憾的是，那个人总是错过了之后才会懂。

他们总说我们女人虚荣，其实不是的，如果我们爱一个人便不会虚荣，因为有爱。可惜爱情没有那么简单。在这个越来越难谈爱情的年代，遇见自己喜欢的东西就去买吧。毕竟付出真心不一定能得到爱情，买东西就简单得多了，付钱就行了。

人生有多短暂呢？也许还没缓过神来，这辈子就过去了。

所以年轻的时候，就得让自己"贵"一点儿。这样才能在青春逝去后，用手掌抚摸那来之不易的不被岁月打败的珍贵之物时，脑海里想起曾经那个闪亮的自己，心里有了慰藉，也有了傲人的底气。

一直相信，女人越"贵"越好看，毕竟，没有什么是比买买买更疼爱自己的方式了。

二十几岁，先学会富养你自己。

亲爱的，请相信，你"贵"的时候真的很好看。

不要对自己太吝啬

1

我初中是在家乡的镇上读的，学校的学生基本上都是周围农村的孩子，很少有城里的。

当时我后排坐着一个脑袋圆圆的男生，他长得高大健壮，我们都叫他大卢子。

有一天，我问大卢子："大卢子，你的梦想是什么啊？"

他想都没想，脱口而出："赚钱呗。"

我一脸鄙视："别人的梦想都是当科学家、企业家，你咋这么俗呢？"

大卢子抬头看着我说："没钱谈什么梦想啊，那不是做梦吗？"

我一时语塞，接不上话来。

此后，我读书、毕业、工作，越发觉得他说得挺对。以至于后来有人问起我的梦想是什么时，我把回答由曾经不切实际的"岁月静好，开个咖啡馆"，改成了"我的梦想就是赚大钱"。

这话听起来很俗，可是没钱你能干什么？别提梦想了，正常生活恐怕都难。

所以，我爱钱，天经地义地爱。

2

钱能让我们增长见识，不至于坐井观天。

飞飞是我的一个朋友，她的全身上下总是各种名牌。

有一次，我在她家留宿，第二天要去公司上班，起了个大早，对她说："飞飞，你那化妆包借我一下。"

她拎过一个大包递给我。我一打开，乖乖，全是国际品牌，连一支小小的唇刷也不例外。

姑娘，你可真舍得啊！我问哪儿买的，她不紧不慢地说："国内专柜啊。"我倒吸一口凉气。

我问为什么要买这么贵的化妆品，她耸耸肩说："无非是让自己长见识，见世面，懂得一些品牌。至少不会看到那些洋文和logo时傻乎乎地杵在原地，叫不出名字吧；也至少不会到五六十岁还没用过高档粉饼吧，那该有多遗憾啊！而且大凡经历了上百年的品牌，都沉淀了丰富的企业文化，质量过硬，售后也好。"

飞飞工作之余还报了时尚搭配学习班，一有空她就在朋友圈和微博里写搭配心得，还组建了一个穿搭小组。组里很多姑娘主动找她求教经验，她得以做起了付费分享，这样一来，钱又赚回来了。

有了钱，你才有了选择的权利，选择离开井里，去看看汪洋大海，这样才不虚此生。

3

钱本身不可爱，可爱的是它承载的价值。

我读书的时候穷，看着地铁上那些背名牌包包的年轻姑娘，心里总觉得她要不是省吃俭用好几个月攒下钱买的，就是傍了大款。不然她哪来那么多钱？

后来参加工作了，觉得当时的自己真狭隘。人家说不定有赚钱的门道，只要不偷不抢，不坑蒙拐骗，自己挣了钱买贵一点儿的东西有什么丢人的呢？

再说了，喜欢的人用钱买不到，那喜欢的东西还不让人用钱买啦？天下可没有这个理。

其实，我们拿钱交换喜欢的物品，本质上是看重这个物品为我们带来的服务和价值。

我们买包，除了用它装东西，看重的是这个包的质量和款式，价钱又在自己的经济承受范围内，钱花得开心，我们也能心满意足。

我们买衣服，不仅是为了满足简单的穿着需要，同时还会注重衣服的时尚美感。俗话说，人靠衣装，佛靠金装。在不同的场合穿着合适的服装，是社交的基本礼仪。

钱本身一点儿也不可爱，可爱的是，在某种程度上，它是这个世界一切等价交换的前提。

所以老话说，钱不是万能的，可没有钱也寸步难行啊。

4

你要学会赚钱，而不是拼命省钱。

前不久，欢欢说不想在现在的公司上班了。我很纳闷，公司那么好，不但是外企，还是世界500强，前途大大的有，干吗辞职啊？

她说有个前辈在公司干了四年了，工资涨幅特别小，又说我工作一年多，赚的钱已经是她的两倍了，还说自己书白读了。

我越听越闻出一股醋味，赶紧说："你要靠着这点儿死工资生活，怎样都是没钱的。钱不是从工资里省出来的，是赚出来的。"

于是我给她举了一个例子：

小明，工薪阶层，技术过硬，月薪1万，在A市足够生活；小张，工薪阶层，技术过硬，月薪2万~3万，在A市稳中有升。

我问："你知道这两者的差别吗？"

欢欢半天不出声。我说："他俩职业是一样的，技术也差不多，换句话说，你能干的我也行。而小张的钱之所以比小明多，是因为他不单靠工资，还会自己赚。这体现了一个人赚钱的能力。"

我又说："欢欢，你是翻译高手，这是你值钱的地方，要灵活运用。平时那么多视频、文件需要翻译，你可以积累资源啊。因为，对我们年轻人来说，最重要的不是找一份工作，而是在工作中学会积累，让那些手头上的本事成为变现的能力。"

欢欢又说上哪儿积累呢，我说："你待在世界500强，平台这么好，还愁资源和客户吗？自己多留心，不懂问同事。要知道，你要做成什么事，就要下意识地融入什么圈子。"

所以说，二十几岁，大好青春，别整天抑郁。与其着急换工作，不如思考如何更有效地赚钱。

<u>5</u>

谁都不喜欢被别人冠上"爱慕虚荣""唯利是图"的标签，可是爱钱就是物质，就是势利吗？我不觉得。

我认为，爱钱并没有错。

因为有钱，能让我更真诚地爱一个人，无论他贫穷或是富贵。

因为有钱，我可以不用做男人的附属品。婚姻不是扶贫，纯粹才走得远。

因为有钱，我可以掌控自己的人生，自己的财富，给父母更多经济上的帮助，给孩子更好的教育。

我从来不觉得爱钱可耻，相反，它跟这个世界上所有的美好事物一样可爱。通过自己的双手正当赚来的钱，怎么不可以光明磊落地去爱呢？

没有钱连病都生不起，没有钱连自尊都没资格谈。为了生病看得起医生，为了能谈尊严，我当然要爱钱。我妈又常说：“会花钱的人才会赚钱。”所以，我不仅爱赚钱，我还爱花钱呢！

爱钱怎么了，我爱得光明正大。

我就喜欢"以貌取人"

1

我承认，我是个俗人，识人先识脸。

我也曾看不起"以貌取人"这样的行为，可后来，随着年龄的增长，我却愈加相信"以貌取人"自有它的道理。

生活中，我们形容一个人"面相和善"，是因为他传递给你一种"舒服""亲切"的感觉，与之交谈，如春风拂面，暖人心窝。或许他相貌并不出众，身材并不魁梧，但他的一言一行总是那么有分寸，这就很容易让人产生好感了。

在我二十几年的生命里，就曾有人给我的心灵播撒了这样一颗种子。

那是幼年时期，我住在四合院式的矮小平房里。那时候，我家的隔壁有一位特别的奶奶。

奶奶独居，身材高挑，长得很好看。那个年代提倡保守，太出众的美是不被人喜欢的。但奶奶没有受到时代的影响，依然活成了特立独行的存在。

自有记忆起，只要是晴日，我总能在晨曦里听到遥远而悠扬的曲目。我揉揉眼睛，就看到奶奶在小院里练太极。那时候的奶奶，头发半青半白。待她练完拳，我也醒了，杵在门口望着她。

有一次，奶奶看见我，俯下身来，轻声说："阿琼，想不想学？"

"想。"我直勾勾地瞪着大眼睛。

"下次教你好不好？"

我点点头。那时候的奶奶真好看，眼睛像挂在天上的弯弯的月牙，闪耀着动人的光彩。

奶奶从不对自己的容貌懈怠。她每天认真清洗自己的脸，在斑白的鬓角抹好油，擦上孙女从上海寄来的雪花膏，穿合身的绸缎衣服。然后，奶奶会提一个竹篮去菜市场买菜。

每到这时，总会有各种闲言碎语。女人们聚在一起耳语："六十好几的人了，穿那么好看去菜场干吗，给咸鱼看啊？不害臊……"

她总是不慌不忙地走过，微笑着向她们点头，议论她的那些女人只好尴尬地咧开嘴角。

我想，她不是没听到，只是不以为意。

2

一次，我玩得一身泥回到家。我敲家里的门，无人回应，原来父母还没下班。瞬间，我就像泄了气的皮球，跌坐在台阶上，抠着手里的泥巴。

奶奶像是听到了我的叹息，推开窗，探出脑袋："阿琼，到我这儿来吧。"

我喜出望外，屁颠屁颠地跑进奶奶家。那是我第一次到她家，一进屋，我就被震撼到了。

洁净一新的地板，错落有致的家具，我甚至找不出一点儿灰尘。奶奶披着毛绒小毯，招呼我坐下。

我忽然就像个做错事的小孩，忸怩地站着，看着自己脏兮兮的鞋子和满手的泥巴，摇了摇头："不，奶奶，我怕给您弄脏了。"

　　她扑哧一声笑了，半弯着腰："傻孩子。那你实在怕弄脏，我给你洗洗吧。"

　　于是她带我去洗手池。打开水龙头，我把手冲了个干净，正打算甩手，奶奶给我抹上香皂，搓着我的手，柔声道："要记得用香皂，去去指甲里的细菌，这东西进了肚里，会长虫的。"

　　我张了张嘴，听话地使劲搓。我以前从不注意这些，家里的香皂也只用来洗澡。

　　然后她拿一条毛巾给我擦干。我看着自己重新干净的小手，非常开心。阳光透过指缝，混合着柠檬草的淡淡香味，洒在了光洁的地板上。

　　我问奶奶在家做什么，怎么不像院里其他女人跟鱼似的蹿来蹿去。她笑着指了指茶几上摊放着的书，说年纪大了，眼神儿不好，要戴上老花镜花好些工夫才看得完一本书。

　　说罢，她问："阿琼，读五年级了吧，喜欢看书吗？"

　　这一问让我怔住了。我每天回家写作业，心里惦记的都是动画片里的小人，哪还有心思看书啊。

　　我不由得低下了头。

　　奶奶像是察觉到我的低落，拉着我的手，不紧不慢地说：

"阿琼，你知道我为什么一大把年纪了还不愿放弃这些年轻时的习惯吗？因为，我怕不看书、不学习，就跟不上这个日新月异的世界。我每天练拳，打理容貌，也是提醒自己的身体，还活在这世上。你要记住，读书以明智，好的书本和文字能涤荡一个人的心灵。"

"多读书，读好书。"奶奶拍拍我的肩膀，笑声爽朗，"我老了，你还小，以后的世界是你们的。"

我似懂非懂地点点头，记住了那句"读书以明智"。

那以后，我时常去奶奶家借书。她那大大的书架上摆满了书籍。偶有闲情，奶奶就给我看她坚持写的读书笔记。我总是记得，那个时候，她戴着老花眼镜，拿着笔，刚劲有力地写下一行又一行隽永的文字。

我在一旁，安静看书。鸟儿枝头叫，枯木再逢春。

3

几年后，我上中学，奶奶随孙女搬去上海。再往后，我离开小院，住进了楼房。我没有再见过奶奶，可她的音容笑貌，时至今日，我都不曾忘怀。

成年后我才明白，她除了教会我待人谦卑、谈吐优雅之外，还告诉我，一个人在饱读诗书、丰富自身之后，内心的善与美自会投射在他的容貌上。这种美绝非肤浅的美丽，它是一个人剥离了外表之后的素养，是放在瀚海人群里也能一眼分辨出的气场。

都说内在的涵养和思想能够潜移默化地改变一个人的容貌。一个人是内心阴暗，还是心平气和，其实都能从他的容貌中略知一二。

民国最后的贵族小姐郭婉莹，年轻时美丽而富有，非常受人欢迎，"十年浩劫"时期被迫靠洗马桶、劳改养猪度日。即便在那样的岁月，她依然细心打理容貌，不卑不亢，一举一动尽显从容，甚至还有"于煤球炉上蒸蛋糕"这样的生活情趣。

我见过在餐厅吃饭时对人颐指气使的食客，他们喧哗不已，毫无礼仪，吃个饭弄得桌上、地下一片狼藉，更是对忙碌的服务员呼来喝去。纵然他们衣着时髦，打扮入时，可这样的灵魂，在我看来如爬满蛆虫般恶心。

我还看过精致优雅的法国女人，她们追求美丽从不懈怠，也从不认为美貌只可赋予年轻的生命，她们相信"不管我活到什么岁数，一定要一直保持美丽"。

说到底，以貌取人，"取"的是什么？

是你的内在在岁月的沉淀下呈现出来的容貌。

一个人的面容由先天遗传，不可逆转，内在的气质和涵养却能在后天的培养中逐渐打磨光整，而容貌终将随着气质的变化而发生变化。

所以，我相信一个严于律己、宽以待人的人，他的容貌不会太差。我接触过很多这样的人，事实也确实如此。同样，一个对自身容貌都疏于整理的人，我不相信他的灵魂能高贵到哪里去。

面相即心相，相由心生。以貌取人是有一定道理的。

谈恋爱，该不该为对方多花钱

1

恋爱期间，相信大多数人会面临这样一个问题：男生到底该不该主动为女生买单？这个问题众说纷纭，莫衷一是。有人觉得男生就该主动，有人觉得应该公平对待，有人则无所谓。这个问题很敏感，如果处理不好，恐怕会影响情侣间的感情。

正巧前段时间有人找我说这件事，我来了兴致，跟她聊了起来。

她说和男友交往半年了，对方总是拿她跟前女友比。比什么呢？我以为无非是脸蛋、身材、性格、脾气这些东西。没想到，对方比的是前任和现任谁肯多为他花钱。"男朋友总嫌我为他花钱少，不够体谅他，不像前女友总是抢着买单。他还要我端正思想。"

怎么说呢，这话搁哪个现任身上都不讨喜。她说自己可郁闷了，不想和男友吵，可男友无数次提起前女友的大方：吃饭抢着买单，送他礼物，还问他有没有钱花。男友说她不主动，就想着什么都让他买单。

"姐，你知道吗，我现在隔三岔五给他微信转账。因为他请我吃饭，吃完要AA（Algebraic Average，按人头平均分担账单），跟我要钱。"说真的，听到这里，我十分生气。一个男生为女朋友花多少钱不重要，重要的是那份心。可他小气抠门不愿意为你花就算了，还反过来问你要钱，这算怎么回事？

更让我吃惊的是，这个姑娘还觉得自己错了，问我怎么挽回男朋友。

这问题就尴尬了啊。虽然我是局外人，但还是想说，女生有这样的想法比男朋友抠门小气严重一百倍。为什么？这是典型的附和男性思想。

恋爱中的人丧失理智，失去自我，甚至完全把自己物化为对方的产物，这是极可怕的事。任何时候，无论是对男友还是对这个世界，保持独立，拥有主见，不逢迎不攀附，是一种生活的大智慧。

2

那么，恋爱中的男生到底该不该多花钱？应不应该主动？这个问题因人而异。但有一点可以肯定，肯花钱一定是因为够爱。

这个女孩的男友，很明显，是害怕付出的人。谈恋爱，如果既害怕付出感情，也害怕钱财损失，那么，一方的投入不够，必会影响另一方对这段感情的信任度。其实说真的，当你很喜欢一个人时，还会在乎为他花了多少钱吗？人比钱更重要，开心也很重要，两个人在一起有共同语言，都感到身心快乐，都渴望相处下去，这些都远不是钱能代替的。

相比之下，我的另一个女性朋友和男友的相处模式就融洽得多。

他们在一起，虽然男友经常主动买单，但我的这位朋友总会给男友卡里打钱，会在男友钱没带够的时候给他转账，尽管数额不多。两人不会因为钱的问题而争吵，感情越来越甜蜜。

所以，一定要分得这么清楚吗？一定要"男生就该为女方多花钱"或"女生应该主动买单"这样计较个明明白白吗？感情不是用钱来衡量的，它取决于彼此愿不愿意为对方考虑，愿不愿意放下自己的面子、脾性，去接纳和包容一个和自己完全没有血缘关系的人。

花钱只是因为在乎和爱。我爱你，愿意为你花钱，花多少我都乐意。

至于那些在说了请吃饭后还要厚脸皮 AA 算钱的人，说好听点儿他们是小气，说难听点儿就是 low（低端）了。要么就事先说好 AA，双方自觉，要么就主动买单。否则就太没意思了。

3

谈钱伤感情吗？谈不清才伤感情。两个人在一起，就是要互相调和，直至意见统一。如果你什么都不说，我怎么知道你怎么想。

愿你找到一个肯为你花钱并且真的很爱你的人。他不会因为多花了钱而不开心，不会抠门到连吃饭都要你多付一点儿，不会计较生活中的烦琐小事。动辄就拿现任和前任比较的人不值得继续交往。同时也希望每个女孩都拥有自己的思想，不会在爱情里迷失，能做到不困于情，不乱于心。

两个人在一起就是缘分。如果力所能及地花点儿钱能让对方开心，那何乐而不为呢？

记得曾在网上看到这样一段话：真心相爱的两个人，不会输给外貌、距离，不会输给身高、年龄，不会输给前任、小三，不会输给流言蜚语，不会输给父母反对，只会输给不珍惜，败给不努力、不信任。

希望每个人都珍惜那个在乎你，努力为你变得更好的人。

喜欢的人超过三天不理你，就"拉黑"

1

不喜欢的人一个月，甚至半年不跟你联系，你心里都不会起一点儿疙瘩，因为不喜欢。可喜欢的人只要超过三天不联系你，你就忍不住想把他拉进黑名单，因为喜欢，所以不能容忍。

前几天，大伟急匆匆地来找我，一见面就说："你们女生怎么这样啊？"我没睡醒，一脸茫然。

大伟说："我被小蝶拉黑了。前段时间我一直忙工作，突然被派到国外出差，临时又很急，没跟她联系。我回来再给她发信息，拒收！打电话，黑名单！我真是没办法了，'拉黑'很伤感情啊，为什么要这样？"

我说："大伟，这就是你的不对了。你也知道女生很敏感，所以你出去前就要告诉她啊，难道你连打个电话的时间都没有？再说了，国外也有可以用的手机卡啊，你要真想联系怎么会想不到办法呢？"

我想起一个男性朋友小艾，他宠女朋友宠得让我们这群人眼红：两人总会约好时间去旅游；他平时再忙也会每天找对方聊天，嘘寒问暖；他在超市里看到好吃的就买来送女友；他的朋友圈里全是和女友的合照。爱情不就是这样吗，让周围的人都不自觉感到幸福。

而如果你不回我消息，不理我，那你存在不存在对我来说也没什么两样了。既然这样，我还把你留在通讯录里干什么呢？

我交往过一个男生。他对我挺好，如果他不在我身边，我就会焦虑。也不知道是不是天生缺乏安全感，我发给他的信息，他要是晚回了半小时，甚至十分钟，我都觉得难过。

虽然后来他打电话说"我怎么会不理你呢，只是工作很忙，没有及时看到"，我能感觉到电话那端的他非常认真，可我还是很失落。也许真的就是有那样的时刻，你就是想要得到对方的安慰，哪怕只是说一句话，听听他的声音，也足够了。

你只是想要得到多一点儿的在乎。这样患得患失，只是因为你是我喜欢的人，我很在乎你。

2

前不久，我跟闺密可可聊天，她说："女人真的很奇怪，通讯录里那么多人，有的人就算一个月、半年，甚至从来不联系，他换不换头像、改不改签名、发不发朋友圈，我一点儿都不在乎。因为他不重要，所以我心无所系。

"可要是我爱的人，他不回我消息，却更新了朋友圈，或者在朋友圈点了赞，我整个人都会感觉不好了。他换个头像我会想怎么了，他改个签名我更会胡思乱想，他发个朋友圈的话，我就疯了：什么意思？到底是几个意思？

"他12个小时不回我，我会难过，但想再等等；他24个小时不回我，我会睡不着，关了手机又开，希望看到他的消息；他36个小时不回我，我觉得他死了。他发了朋友圈却不找我，他就是不在乎我不想理我吧；他超过72个小时不对我发任何信号，我就想'拉黑'。"

　　我说是啊，而且有时候，隔了很久他回了，我也不开心。他回的都是些表情，表情就跟"嗯""哦""呵呵"一样，都是在敷衍。等那么久，等来这样的敷衍，哪怕我曾经再喜欢他，都不想继续喜欢了！

　　看过一部舒淇主演的电影，我记不清名字了，只记得她在里面说："我就是死要面子，自尊心特别重，我只要一发现对方没有那么喜欢我了，我就会把这段感情判一个死刑。"女生不会无缘无故地喜欢跟谁聊天，她一定是喜欢你，才和你说话的。可她一旦看不到希望，就会把你"拉黑"，再也不理。

3

　　微博上有个热门评论：真的太喜欢聊天"秒回"，走开了再回来还会解释刚才去干吗了的人，这种人真是生命之光。

　　倒不是说"秒回"就代表爱，但至少意味着，那个人一定对他"秒回"的对象很在乎啊！

　　说洗澡去了，还能说"洗完了"的人；说吃饭去了，还能说"吃完了"的人；说睡觉去了，还能说"睡醒了"的人……这样的人，简直就是时时刻刻在为对方着想，时时刻刻在告诉对方："别担心，我在。"

如果你喜欢的人曾经超过三天不理你，我真的不相信他忙到三天没时间碰手机，没时间打电话，没时间看短信，没时间上个微信，没时间挂个QQ。我真的不相信。他也并没有被外星人拐走，没有出车祸、被抢劫，遭遇意外。也许他只是舒舒服服地吃完饭，躺在沙发上，拿着手机——宁愿打游戏也不找你，宁愿看肥皂剧也不找你，宁愿跟别人聊天也不找你。

无论他在干什么，他就是不想找你。因为他不够喜欢你，所以无所谓联系。

电影《他其实没那么喜欢你》里说："如果一个男人对待你的方式就像他毫不在乎一样，那么他真的是完全不在意你，没有例外。"

等不到他的消息，你不用饭也吃不下，觉也睡不好，做什么都没劲。你又不欠他的，仅仅只是在乎他而已。但是感情也是有保鲜期的，再喜欢一个人，也有逾期不候的时候。他不珍惜你，你就坚决地走远好了，再也不需要回头。

也许把他"拉黑"，让他消失在你的通讯录里，只是你一时冲动，回忆和难过还会留在你的身体里。但是，为了自己，"作"一次又何妨。你永远没有必要把时间浪费在一个不在乎你的人身上。

我发朋友圈就是不想取悦任何人

<u>1</u>

前段时间，一个朋友来见我，说宝宝出生后，她可能就会加入到朋友圈的"晒娃狂魔"大本营了，到时候让我不要介意。

我回复了一个嫌弃的表情，心里却很高兴。朋友怀胎十月，真是辛苦了。我期待她生个白白胖胖的可爱娃娃，做个健健康康的新手妈妈，多分享一点儿养娃趣事。

倒不是因为我喜欢她发的内容，而是因为我喜欢她这个人。看她朋友圈里展示的真实生活，有烦恼也有快乐，就好像自己也陪在她身边一起经历了一样。即使我们相隔两地，做着毫不相同的工作，结识了不同层次的人，心的距离也不会遥远。因为在朋友圈里，我们能看到彼此生活的近况，能够彼此鼓励，互相关心，就好像从来没分开一样。

现在的人都很忙，还能抽空关注一下朋友圈，肯定是为了知道那些重要的人过得好不好。

2

我跟她说，咱俩谁跟谁啊，哪里用得着给我打什么预防针。朋友就叹了口气，说："我是被搞怕了。前段时间备孕，我看了一些孕期知识。有一次，我觉得有篇文章写得很好，让我长了不少知识，便把文章转发到了朋友圈。有个因为工作原因加的男同事看到了，就评论：'都说一孕傻三年，这种事情都有必要广而告之吗？'"

我说："这人有毛病吧，你怎么不屏蔽？"

朋友耸了耸肩："分组可见怪别扭的，而且就算分组了，我们也还有共同好友啊。删了他又会很麻烦，开会、小组沟通都在一起。怀孕六七个月时，我大着肚子上班。他还说：'早点儿回家得了，女人还有产假，不像男人累死累活跟牲口一样。'"

"那你怎么回？"我好奇地问。

"还能怎么回，尴尬地笑笑罢了。他也不是针对我。据说另一个同事休年假时去新马泰三国旅游，发了张潜水照，大家都点赞了，还留言说玩得开心，只有他叽叽歪歪道：'天哪，不要发了，还让不让没出去旅游的人活！'"

我听到这里坐不住了。难道所有人发什么东西之前，都得考虑他的感受？

凭什么啊？

发个朋友圈还要在乎他受不受伤，有没有获得营养，能不能开心？

发张旅游照就刺激他了，发个孕妈链接就恶心他了，说了一些烦恼事又好像浪费了他的时间……

可是，我要发什么跟他有什么关系啊！他觉得碍眼就屏蔽，大不了不看就是，有必要用尖酸刻薄的话博人关注、找存在感吗？

太奇怪了吧！

不过我朋友就是心肠好，总是为别人着想。她宁愿委屈自己，也不愿和别人撕破脸，把关系搞僵。

3

要我说，发朋友圈就是现在的人爱分享、爱生活的体现。

一定要出去旅游，坐标定位在陌生的经纬度上，才算高端、大气、上档次？要在北欧，坐在烧着火的壁炉旁喝热可可，才有冬天的感觉？要香车美人，高朋满座，一起享受奢华的红酒香槟，才叫晚会活动？就不能分享一首喜欢的歌，一条热爱的街，一个温暖的人，一些时而可爱、傻气，时而郁闷、难过的话？就不能把那些最真实的生活、最感动的瞬间分享出来？

那些碰触心灵的感动，慷慨激扬的言论，激动人心的消息，或者痛心疾首的事件，不就是我们分享的初衷吗？

英文里，朋友圈被翻译为moment，就是"一瞬间"，就是"这一刻的想法"。不为任何人，只是记录片刻感受。

分享即快乐。忠于自己内心所想，有何不可？

谁要是不喜欢，大可以屏蔽。那些真正在乎你的人，自然会真诚地与你互动。而那些唱反调的人，一言不合就生气的人，对你而言不过是漂在水上的浮萍，一阵雨打下去，和你也就散了。

4

人这一生，越成长就会越明白，你永远无法活得让所有人都满意。

有人喜欢就有人讨厌，有人捧高必有人踩低，有人欣赏就有人鄙夷……有什么要紧的呢？生活的智慧在于学会接受和剔除不快乐的存在。

不必为那些不看重你的人伤心流泪，也不应为取悦别人而克制自己，甚至不要因为别人的不喜欢或刻意中伤就陷入自我怀疑的窘境。跟一个傲慢无礼、没有教养的人较真，将会拉低你的情商。

世间总有一群站着说话不腰疼、以自我价值绑架他人行为的人。你生得好看，就说你得来的一切都靠美貌；你打扮漂亮，就说你水性杨花；你学识渊博，就说你装腔作势；你功成名就，就说你不过是运气好。在他们的世界里，你做什么、发什么都有病，连呼吸都是错的。对于这样的人，你又何必顾及他的感受？

朋友圈是你自己的，不用取悦任何人。况且，总有人希望你多发一发朋友圈的。不管是聚会时的一段短视频，还是沙滩上的一张自拍，或者是令你沉思的一篇文章，哪怕是一句喜欢吃什么之类的废话，在意你的人，都想看。

希望你此后发朋友圈不要再取悦任何人，你就是你，是独一无二的自己。

做自己，就够了。